智能系统与技术丛书

王健宗 李泽远 何安珣 著

深入浅出联邦学习

原理与实践

Dive into Federated Learning

Principle and Practice

机械工业出版社
China Machine Press

图书在版编目（CIP）数据

深入浅出联邦学习：原理与实践 / 王健宗，李泽远，何安珣著 . -- 北京：机械工业出版社，
2021.5（2023.1 重印）
（智能系统与技术丛书）
ISBN 978-7-111-67959-2

I . ①深… Ⅱ . ①王… ②李… ③何… Ⅲ . ①机器学习 Ⅳ . ① TP181

中国版本图书馆 CIP 数据核字（2021）第 063209 号

深入浅出联邦学习：原理与实践

出版发行：机械工业出版社（北京市西城区百万庄大街 22 号 邮政编码：100037）			
责任编辑：杨绣国 罗词亮		责任校对：殷 虹	
印 刷：北京建宏印刷有限公司		版 次：2023 年 1 月第 1 版第 2 次印刷	
开 本：186mm×240mm 1/16		印 张：12.5	
书 号：ISBN 978-7-111-67959-2		定 价：79.00 元	

客服电话：（010）88361066 68326294

赞　誉

进入数字时代以来，机构和个人不断产生海量数据，如何将大数据与人工智能技术完美结合是人们一直在探索的问题，联邦学习技术的诞生为之提供了一条新的解决思路。本书从扎实的理论基础出发，内容涵盖联邦学习的各种框架、实战案例、应用场景和前沿研究，这些是作者在联邦学习领域的耕耘成果，更是经验分享。想要学习联邦学习技术的读者一定不要错过这本书。

——郭嵩　加拿大工程院院士/香港理工大学电子计算学系教授/
IEEE Fellow/长江学者讲座教授

数字经济时代的来临，正加速各行各业完成数字化转型与业务的降本增效。如果说数据是智能时代的石油，那么联邦学习无疑是极具潜力的"石油挖掘机"。本书从联邦学习的基本概念出发，深入浅出地讲解了其技术原理，并结合实例分析了联邦学习的应用。有兴趣了解联邦学习是什么、如何实践和应用的读者读之，必大有裨益。

——李晓林　同盾科技合伙人/知识联邦产学研联盟理事长

数据是具有战略价值的核心资产，相比传统的数据授权和数据传输模式，联邦学习的优势是既能满足隐私保护要求，又能实现商业合作的诉求。本书作者结合自己在联邦学习领域长期的沉淀和研究，系统介绍了联邦学习技术的基本知识。仔细研读这本书，读者可以详尽地了解和掌握联邦学习，一定会很有收获。

——谢长生　华中科技大学武汉光电国家研究中心教授/CCF信息存储专业委员会常委

前 言

联邦学习到底是什么呢？

我们认为可以这样定义：它是在数据不出本地的前提下，由多个参与方联合、协作完成建模任务的分布式机器学习范式。据统计，2020 年产生的联邦学习相关论文超过 6000 篇，是之前所有相关论文的三倍多。作为大数据时代下人工智能发展不可或缺的核心技术，联邦学习已经成为当前学术界、产业界争相研究和应用的对象。

在绝大部分的行业中，数据是以孤岛的形式存在的，即数据在不同机构或部门中独立存储、分仓管理，难以流通和利用，而人工智能的发展又往往会涉及多个领域的数据。在过去，为了打破数据孤岛，数据需求方通常会收集来自不同机构的数据信息，并统一整合到中心数据集群后进行集中处理和应用。然而，由于数据隐私泄露和数据获取成本过高，这一方法变得越来越不可取。同时，在愈发重视数据隐私安全的全球性趋势下，社会各界逐渐提升了数据所有权、资产化的保护意识，各国也逐步出台新的法律法规来严格规范数据的管理和使用。例如，2018 年 5 月，欧盟实施《通用数据保护条例》(GDPR)来保护用户的个人隐私和数据安全，禁止数据在实体间转移、交换和交易。2020 年 10 月，我国公布《中华人民共和国个人信息保护法(草案)》，为个人信息保护提供了强有力的法律保障。在法律法规强监管的环境下，如何在确保数据隐私安全的前提下解决数据孤岛问题，已然成为人工智能发展的首要挑战。

联邦学习成为打破人工智能发展困境的"头雁"，其核心价值是在数据安全合规的前提下提升模型效果，实现降本增效。那么联邦学习是如何做到的呢？对于联邦模型的训练而言，模型可以基于各参与方的本地数据库进行训练，训练过程中的模型参数通过加密机制在各参与方间通信，数据无须出本地，既保证了数据隐私安全合规，又间接共享了数据资源，促进了数据生产要素的流通。对于联邦模型的推理而言，由多个参与方联合共建的最优模型可以在密态基础上实现金融、医疗、政务等多个行业的赋能应用。

联邦学习能有效解决人工智能发展面临的数据隐私安全与孤岛问题，这为大数据与人工智能的健康发展和颠覆式变革奠定了基础，并为其在更复杂、更前沿、更尖端领域的应用落地创造了更多的机会和可能。

为什么要写本书

联邦学习技术一经提出，便引起了社会各界人士的广泛关注。联邦学习能够满足各方在不共享数据源的前提下进行数据联合训练的需求，帮助多方组织构建最优的机器学习模型。这一技术不仅能够推动互联网时代下海量数据的价值变现，还能助力人工智能的发展革新和应用落地。

目前，联邦学习的相关学习资源过于分散，相关图书屈指可数。为了更好地普及联邦学习知识，传递联邦学习价值，我们特写作本书，旨在系统全面地介绍联邦学习的来龙去脉，为有志于联邦学习理论研究和实践的读者提供指引和参考。希望本书能够给广大读者带来启示。

读者对象

大数据、人工智能相关产业的从业者和研究人员，包括但不局限于：

❑ 想要全面了解、探索联邦学习的读者；

❑ 想要上手实践联邦学习的读者。

本书主要内容

全书共 9 章，分为 4 部分。

第一部分　基础（第 1~2 章）

主要介绍了联邦学习的概念、由来、发展历史、架构思想、应用场景、优势、规范与标准、社区与生态等基础内容。

第二部分　原理（第3~5章）

详细讲解了联邦学习的工作原理、算法、加密机制、激励机制等核心技术。

第三部分　实战（第6~7章）

主要讲解了 PySyft、TFF、CrypTen 等主流联邦学习开源框架的部署实践，并给出了联邦学习在智慧金融、智慧医疗、智慧城市、物联网等领域的具体解决方案。

第四部分　拓展（第8~9章）

概述了联邦学习的形态、联邦学习的系统架构、当前面临的挑战等，并探讨了联邦学习的发展前景和趋势。

勘误与支持

联邦学习的概念很新，更新很快，虽然我们已尽可能使本书内容准确、全面、紧跟技术前沿，但书中仍难免存在遗漏或不妥之处，恳请读者批评指正。如果你有关于本书的任何意见或建议，欢迎发送邮件到 yfc@hzbook.com，期待你的反馈。

致谢

本书的写作占用了我们大量的业余时间，在此特别感谢家人、朋友的理解和支持。另外，在本书写作过程中，机械工业出版社的编辑们给予了精心指导和大力支持，没有他们细致的工作，本书无法如此顺利地出版，特此感谢。

CONTENTS

目　　录

第一部分

基 础

第 1 章

联邦学习的前世今生

联邦学习作为一种强调数据安全和隐私保护的分布式机器学习技术，在大数据与人工智能广泛发挥作用的背景下，受到具有数据监管和隐私保护需求行业的广泛关注。本章将主要介绍联邦学习的由来、发展历程及现状，并详细阐释联邦学习涉及的技术门类以及现有的生态与标准。

1.1 联邦学习的由来

人工智能自 1956 年在达特茅斯会议上被正式提出以来，经历了三轮发展浪潮。第三轮浪潮起源于深度学习技术，并实现了飞跃。人工智能技术不断发展，在不同前沿领域体现出强大活力。然而，现阶段人工智能技术的发展受到数据的限制。不同的机构、组织、企业拥有不同量级和异构的数据，这些数据难以整合，形成了一座座数据孤岛。当前以深度学习为核心的人工智能技术，囿于数据缺乏，无法在智慧零售、智慧金融、智慧医疗、智慧城市、智慧工业等更多生产生活领域大展拳脚。

大数据时代，公众对于数据隐私更为敏感。为了加强数据监管和隐私保护，确保个人数据作为新型资产类别的法律效力，欧盟于 2018 年推行《通用数据保护条例》（GDPR）。中国也在不断完善相关法律法规以规范数据的使用，例如，2017 年实施《中华人民共和国网络安全法》和《中华人民共和国民法总则》，2019 年推出《互联网个人信息安全保护指南》，2020 年推出《中共中央国务院关于构建更加完善的要素市场化配置体制机制的意见》《中华人民共和国个人信息保护法(草案)》等。这些法律条目都表明，数据拥有者需要接受监管，具有保护数据的义务，不得泄露数据。

目前，一方面，数据孤岛和隐私问题的出现，使传统人工智能技术发展受限，大数据处理方法遭遇瓶颈；而另一方面，各机构、企业、组织所拥有的海量数据又有极大的潜在应用价值。于是，如何在满足数据隐私、安全和监管要求的前提下，利用多方异构数据进一步学习以推动人工智能的发展与落地，成为亟待解决的问题。保护隐私和数据安全的联邦学习技术应运而生。

1.2 联邦学习的发展历程

人工智能自被正式提出以来，经历了 60 多年的演进过程，现已成为一门应用广泛的前沿交叉学科。机器学习作为人工智能最重要的分支之一，应用场景丰富，落地应用众多。

随着大数据时代的到来，各行各业对数据分析的需求剧增，大数据、大模型、高计算复杂度的算法对机器的性能提出了更高的要求。在这样的背景下，单机可能无法很好地完成数据庞大、计算复杂度高的大模型训练，于是分布式机器学习技术应运而生。分布式机器学习使用大规模的异构计算设备(如 GPU)和多机多卡集群进行训练，目标是协调和利用各分布式单机完成模型的快速迭代训练。

但是，之前传统的分布式机器学习技术需要先将集中管理的数据采取数据分块并行或者模型分块并行的方式进行学习，同样面临着数据管理方数据泄露的风险，这在一定程度上制约了分布式机器学习技术的实际应用和推广。

如何结合数据隐私保护与分布式机器学习，在保证数据安全的前提下合法合规地开展模型训练工作，是目前人工智能领域的研究热点问题之一。联邦学习技术在数据不出本地的前提下对多方模型进行联合训练，既保证了数据安全和隐私，又实现了分布式训练，是解决人工智能发展困境的可行途径。

本节将主要介绍联邦学习的发展历程。首先，由于联邦学习本质上属于一种分布式机器学习技术/框架的延伸，因此本节将简要介绍机器学习与分布式机器学习的概念和重要的发展节点；其次，由于联邦学习使用了很多数据隐私保护领域的研究成果，因此本节会介绍隐私保护相关研究的历程；最后，本节将概述正处于成长阶段的联邦学习发展过程。

1. 机器学习

机器学习的提出与发展可以追溯到 20 世纪 40 年代。早在 1943 年，Warren Mc-Culloch 和 Walter Pitts 就在其论文 "A logical calculus of the ideas immanent in nervous activity" ⊖中描述了神经网络的计算模型。该模型借鉴了生物细胞的工作原理，试图对大脑思维过程加以仿真，引起了许多学者对神经网络的研究兴趣。1956 年达特茅斯会议正式提出人工智能概念。短短 3 年后，Arthur Samuel 就给出了机器学习的概念。所谓机器学习，就是研究和构建一种特殊算法（而非某一个特定的算法），能够让计算机自己在数据中学习从而进行预测。

然而，由于当时的神经网络设计不当、要求进行数量庞大的计算，再加上硬件计算能力的限制，神经网络被认为是不可能实现的，机器学习的研究长期陷入停滞。直到 20 世纪 90 年代，随着云计算、异构计算等高新技术的发展，许多传统的机器学习算法被提出，并取得了良好的效果。1990 年，Robert Schapire 发表论文 "The strength of weak learnability" ⊜，文中提出弱学习集可以生成强学习，推动了机器学习领域使用 Boosting 算法；1995 年，Corinna Cortes 和 Vapnik 发表论文 "Support-vector networks" ⊜，提出支持向量机的模型；2001 年，Breinman 发表论文 "Random forests" ⊗，提出随机森林算法。随着深层网络模型和反向传播算法的提出，神经网络也重回研究视野，进入繁荣发展阶段。

⊖ McCulloch W S, Pitts W. A logical calculus of the ideas immanent in nervous activity[J]. The bulletin of mathematical biophysics, 1943, 5(4): 115-133.
⊜ Schapire R E. The strength of weak learnability[J]. Machine learning, 1990, 5(2): 197-227.
⊜ Cortes C, Vapnik V. Support-vector networks[J]. Machine learning, 1995, 20(3): 273-297.
⊗ Breiman L. Random forests[J]. Machine learning, 2001, 45(1): 5-32.

2. 分布式机器学习

至今，机器学习已经发展出了很多分支，应用范围也越来越广泛。然而，随着数据量的持续增长，模型复杂度不断提高，单机节点无法承载大量的数据信息和计算资源，主流机器学习的发展遇到瓶颈。为了解决大数据训练慢的难题，分布式机器学习被提出。分布式机器学习技术将庞大的数据和计算资源部署到多台机器上，以提高系统的可扩展性和计算效率。

实现分布式的核心问题是如何进行数据的存储和数据的并行处理，当前主要的分布式数据处理技术主要基于 Google 提出的分布式文件存储和任务分解处理的思想。Google 在 2003 年和 2004 年分别发表两篇关于 Google 分布式文件系统（GFS）和任务分解与整合（MapReduce）的论文，并公布了其中的细节。

基于这些核心思想，多家企业、科研机构开发了相应的大数据计算、大数据处理与分布式机器学习的平台。大数据计算与处理方面常见的平台有 Hadoop、Spark 和 Flink 等。Hadoop 分布式系统的基础架构在 2005 年由 Apache 实现，其中的 HDFS 分布式文件系统为海量数据提供了存储空间，MapReduce 为海量数据提供了计算支持，有效提高了大数据的处理速度。Spark 平台则由加州大学伯克利分校 AMP 实验室开发，以数据流应用为主，扩展了 MapReduce 的应用。Flink 是一种同时支持高吞吐、低延迟、高性能的分布式处理框架，近些年来被越来越多的国内公司所采用。

分布式机器学习训练分为**数据并行**和**模型并行**两种。数据并行是更常用的分布式训练方案，在这种方式下，所有设备自行维护一份参数，输入不同的数据，反向传播的时候通过 AllReduce 方法同步梯度，但是对于太大的模型不适用。由于数据并行会出现模型过大的情况，模型并行的方案被提出。模型并行主要包括层内并行和层间并行两种，但它们会有参数同步和更新的问题，对此业内正在探索更加高效的自动并行方法，尝试通过梯度压缩的方式来减少参数的通信量等。

随着分布式技术的发展，一些机器学习/深度学习框架纷纷宣布支持分布式。2013年年底，由卡内基梅隆大学邢波教授主导的机器学习研究小组开源 Petuum 平台，旨在提高并行处理效率。主流深度学习框架 TensorFlow 和 PyTorch 分别于 2016 年和 2019

年开始支持分布式运行和分布式训练。2017 年 1 月，由亚马逊选定的官方开源平台 MXNet 及其项目进入 Apache 软件基金会。MXNet 支持多种语言和快速模型训练。2018 年 3 月，百度开源依托云端的分布式深度学习平台 PaddlePaddle。2018 年 10 月，华为推出一站式 AI 开发平台 Model Arts，其中集成了 MoXing 分布式训练加速框架。MoXing 构建于开源的深度学习引擎 TensorFlow、MXNet、PyTorch、Keras 之上，使得这些计算引擎的分布式性能更高，易用性更好。2019 年 1 月，英特尔开源其分布式深度学习平台 Nauta，该平台提供多用户的分布式计算环境，用于进行深度学习模型训练实验。

3. 隐私保护技术

如何在数据传输中保护数据的隐私安全，一直是密码学领域的一大研究热点。早在 1982 年，姚期智院士就提出了"百万富翁问题"，即两个百万富翁都想知道谁更富有，但都不愿意将自己的财富数字透露给对方，双方如何在不借助第三方的前提下获得这个问题的答案。由这个问题引申出了安全多方计算的研究领域。具体来说，该领域探讨设计的协议是解决一组互不信任的参与方之间如何在保护隐私信息且没有可信第三方的前提下协同计算的问题。目前已有多个安全多方计算框架，涉及的密码学技术有混淆电路、秘密共享、同态加密、不经意传输等。

混淆电路针对双方安全计算，其思想是，将共同计算的函数转化为逻辑电路，对电路的每一个门都进行加密并打乱，从而保证计算过程中不会泄露原始输入和中间结果，双方根据各自的输入，对每个电路逻辑门的输出进行解密，直到获得答案。**秘密共享**的思想是，将需要保护的秘密按照某些适当的方式拆解并交予不同的参与方管理，只有一同协作才能恢复秘密消息。**同态加密**的思想由 Rivest 在 1978 年提出，之后 Gentry 又在其 2009 年发表的论文 "Fully homomorphic encryption using ideal lattices" ⊖中引申出全同态加密。全同态加密是指同时满足加同态和乘同态性质、可以进行任意多次加与乘运算的加密函数，通过这样的函数保障，经过同态加密处理的数据在解密后，其输出等于未加密原始数据经过同样操作后的输出。**不经意传输**则强调通信双方以一种

⊖   Gentry C. Fully homomorphic encryption using ideal lattices[C]//Proceedings of the forty- first annual ACM symposium on Theory of computing. 2009：169-178.

选择模糊化的方式传送消息。

除了上述以加密为核心思想的技术，隐私保护技术还存在一种扰动方法，以差分隐私技术为代表。2008 年，Dwork 在论文 "Differential privacy：A survey of results" ⊖中提出差分隐私的应用，目前差分隐私已经被广泛应用在隐私保护中。它的主要思路是，给需要保护的数据添加干扰噪声，使得对于相差一条记录的两个数据集的查询有高概率获得相同结果，从而避免因差异化多次查询造成的隐私泄露问题。

4. 联邦学习

随着大数据与人工智能技术的发展，针对企业人工智能算法侵犯个人隐私的社会讨论层出不穷，机构之间在数据联合时无法很好地保护各方隐私，各国都在出台各种隐私保护的限制法案，数据孤岛已然成为人工智能发展的瓶颈。在这样的背景下，能够解决数据孤岛问题、保护数据安全与隐私的联邦学习技术应运而生。

2016 年，谷歌研究科学家 Brendan McMahan 等人在论文 "Communication-efficient learning of deep networks from decentralized data" ⊖中提出了联邦学习的训练框架，框架采用一个中央服务器协调多个客户端设备联合进行模型训练。2017 年 4 月，Brendan McMahan 和 Daniel Ramage 在 Google AI Blog 上发表博文 "Federated learning：Collaborative machine learning without centralized training data" ⊜，介绍了联邦学习在键盘预测方向上的应用与实现，并利用了简化版的 TensorFlow 框架。

谷歌的这些探索激发了国内外从业人员对于联邦学习技术与框架的探索热情。目前，国内外多家机构开发了基于联邦学习思想的模型训练框架和平台。Facebook 开发的深度学习框架 PyTorch 开始采取联邦学习技术实现用户隐私保护。微众银行推出 Federated AI Technology Enabler(FATE)开源框架，平安科技、百度、同盾科技、京东科技、腾讯、字节跳动等多家公司相继利用联邦学习技术打造智能化平台，展现了

⊖ Dwork C. Differential privacy：A survey of results[C]//International conference on theory and applications of models of computation. Springer，Berlin，Heidelberg，2008：1-19.

⊖ McMahan B，Moore E，Ramage D，et al. Communication-efficient learning of deep networks from decentralized data[C]//Artificial Intelligence and Statistics. 2017：1273-1282.

⊜ McMahan B，Ramage D. Federated learning：Collaborative machine learning without centralized training data[J]. Google Research Blog，2017，3.

其应用于多领域、多行业的广阔前景。

联邦学习作为人工智能的新范式，可以化解大数据发展所面临的困境。随着业界对基于联邦学习技术的工业级、商业级、企业级平台的探索不断深入，市场上形成了百花齐放的态势。与此同时，关于联邦学习架构的规范与标准不断完善，实际可商业化落地的场景逐渐增多，联邦学习生态建设已经初步完成。

1.3 联邦学习的规范与标准

目前，各家机构对于联邦学习概念的内涵、外延、具体应用的技术方案各有见解，并没有形成统一的规范与标准。不过，多家机构都在积极参与和引导联邦学习相关国内外标准的制定。

2018 年 12 月，IEEE 标准协会批准了由微众银行发起的关于联邦学习架构和应用规范的标准 P3652.1（Guide for Architectural Framework and Application of Federated Machine Learning）立项。2019 年 6 月，中国人工智能开源软件发展联盟（AIOSS）发布了由微众银行牵头制定的《信息技术服务联邦学习参考架构》团体标准。2020 年 3 月，蚂蚁集团牵头制定了《共享学习系统技术要求》联盟标准，并且该标准由中国人工智能产业发展联盟（AIIA）批准通过。2020 年 6 月，3GPP SA2 第 139 次电子会议通过了中国移动提出的"多 NWDAF⊖实例之间联邦学习"标准提案，3GPP 标准引入联邦学习智能架构和流程。2020 年 7 月，由中国信通院、百度等单位共同参与拟定的《基于联邦学习的数据流通产品技术要求与测试方法》首次发布，这是又一项关于联邦学习的团体标准。

另外，各家企业与机构针对联邦学习的理论原理和可用场景纷纷发布了相关白皮书。微众银行联合中国银联、平安科技、鹏城实验室、腾讯研究院、中国信通院、招商金融科技等多家企业和机构发布《联邦学习白皮书 2.0》，同盾科技人工智能研究院发布《知识联邦白皮书》，腾讯安全发布《腾讯安全联邦学习应用服务白皮书》，IBM 发布

⊖ NetWork Data Analytics Function，网络数据分析功能。

《IBM Federated Learning：An Enterprise Framework White Paper V0.1》。

1.4 联邦学习的社区与生态

像对待其他 IT 技术一样，各相关企业和机构也在针对联邦学习技术打造技术社区与开源生态，将联邦学习行业内的技术人员聚集在一起学习和交流，了解行业的最新进展，分享与探讨前沿技术。

自概念提出以来，联邦学习就一直以开源的形态展现。Google 将其工作进展与思路分享在 Google AI Blog 中，虽然博文通常以非正式或对话的方式进行更新，但是这的确是机器学习相关研究准确可靠的信息来源。Google AI Blog 有专门用于介绍机器学习、联邦学习研究的部分，为联邦学习的发展提供了许多新思路。Facebook Blog、NVIDIA Blog 上也有分享联邦学习技术的文章。

在国内，已有超百家企业和高校参与微众银行联邦学习 FATE 开源社区。开发者参与社区、使用开源技术是与社区建设互惠互利的，他们在摄取价值的同时也通过自身的经验帮助项目和技术成长。另外，由微众银行同多家国内外 AI 公司及研究机构发起、筹备的联邦学习国际标准(IEEE P3652.1)已由 IEEE 标准委员会(SASB)一致投票通过，这将推动联邦学习相关生态的进一步繁荣。

类似于 Google AI Blog，腾讯的腾讯云社区中也有关于大数据、人工智能的专栏，分享过关于腾讯联邦学习平台 Angel PowerFL 的思路与想法。该平台充分考虑易用性、高效性与可扩展性：在每个参与方内部使用 Apache Spark 作为计算引擎，可以更方便地与其他任务流进行对接；使用 Apache Pulsar 作为跨公网传输的消息队列，可以支撑大量的网络传输，可扩展性好；使用 C 实现了一个高效的 Paillier 密文运算库，进行性能上的改进与优化。

不少联邦学习平台与项目在开源技术交流平台 GitHub 上开源。字节跳动相关团队 2020 年年初在 GitHub 上开源了联邦学习平台 Fedlearner，其模型训练以神经网络模型训练、树模型训练为主。对于神经网络模型训练，只需在原始 TensorFlow 模型代码里加入发送算子和接收算子，就可以将其改为支持联邦训练的模型。

其他机构的技术社区则不只是针对联邦学习。例如，蚂蚁集团的技术社区针对整个金融科技领域分享领域相关新闻、前沿技术，还举办技术相关的线上直播、线下分享等多种形式的活动。百度的 AI 开发者社区也类似，划分多个板块，涉及多领域、多技术门类，例如图像识别、知识图谱、增强现实等。其中，百度开源框架 PaddlePaddle 涉及了支持联邦学习范式的模块。

1.5 本章小结

本章主要介绍联邦学习的由来、发展历程及现状。联邦学习在解决数据孤岛问题的同时，实现了数据安全与隐私保护。联邦学习基于分布式学习框架，并加入了隐私保护技术。其中，分布式学习解决了传统机器学习面临的大数据困境，隐私保护技术则保证了分布式学习过程中的数据安全。经过几年的不断发展，各企业、机构持续发力，促进了联邦学习新生态的形成。

CHAPTER 2

第 **2** 章

全面认识联邦学习

在简要了解联邦学习的背景之后，本章将详细介绍联邦学习的概念、架构思想、应用场景等内容，帮助大家全面认识联邦学习。

2.1 什么是联邦学习

联邦学习是一种带有隐私保护、安全加密技术的分布式机器学习框架，旨在让分散的各参与方在满足不向其他参与者披露隐私数据的前提下，协作进行机器学习的模型训练。

经典联邦学习框架的训练过程可以简单概括为以下步骤：

1）协调方建立基本模型，并将模型的基本结构与参数告知各参与方；

2）各参与方利用本地数据进行模型训练，并将结果返回给协调方；

3）协调方汇总各参与方的模型，构建更精准的全局模型，以整体提升模型性能和效果。

联邦学习框架包含多方面的技术，比如传统机器学习的模型训练技术、协调方参数整合的算法技术、协调方与参与方高效传输的通信技术、隐私保护的加密技术等。此外，在联邦学习框架中还存在激励机制，数据持有方均可参与，收益具有普遍性。

Google 首先将联邦学习运用在 Gboard(Google 键盘)上，联合用户终端设备，利用用户的本地数据训练本地模型，再将训练过程中的模型参数聚合与分发，最终实现精准预测下一词的目标。除了分散的本地用户，联邦学习的参与者还可以是多家面临数据孤岛困境的企业，它们拥有独立的数据库但不能相互分享。联邦学习通过在训练过程中设计加密式参数传递代替原有的远程数据传输，保证了各方数据的安全与隐私，同时满足了已出台的法律法规对数据安全的要求。

2.2 联邦学习的架构思想

联邦学习的架构分为两种，一种是中心化联邦(客户端/服务器)架构，一种是去中心化联邦(对等计算)架构。针对联合多方用户的联邦学习场景，一般采用的是客户端/服务器架构，企业作为服务器，起着协调全局模型的作用；而针对联合多家面临数据孤岛困境的企业进行模型训练的场景，一般可以采用对等架构，因为难以从多家企业中选出进行协调的服务器方。

在客户端/服务器架构中，各参与方须与中央服务器合作完成联合训练，如图 2-1 所示。当参与方不少于两个时，启动联邦学习过程。在正式开始训练之前，中央服务器先将初始模型分发给各参与方，然后各参与方根据本地数据集分别对所得模型进行训练。接着，各参与方将本地训练得到的模型参数加密上传至中央服务器。中央服务器对所有模型梯度进行聚合，再将聚合后的全局模型参数加密传回至各参与方。

在对等计算架构中，不存在中央服务器，所有交互都是参与方之间直接进行的，如图 2-2 所示。当参与方对原始模型训练后，需要将本地模型参数加密传输给其余参与联合训练的数据持有方。因此，假设本次联合训练有 n 个参与方，则每个参与方至少需要传输 $2(n-1)$ 次加密模型参数。在对等架构中，由于没有第三方服务器的参与，参与方之间直接交互，需要更多的加解密操作。在整个过程中，所有模型参数的交互都是加密的。目前，可以采用安全多方计算、同态加密等技术实现。全局模型参数的更新可运用联邦平均等聚合算法。当需要对参与方数据进行对齐时，可以采用样本对齐等方案。

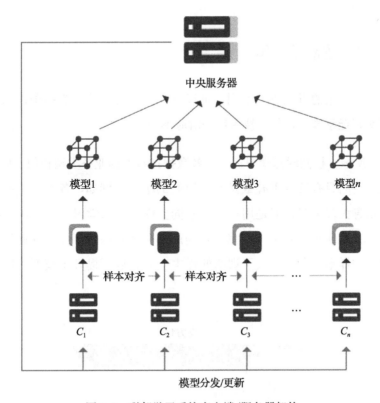

图 2-1　联邦学习系统客户端/服务器架构

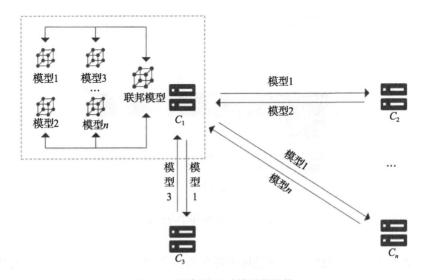

图 2-2　联邦学习对等系统架构

2.3　联邦学习的应用场景

根据各方数据集的贡献方式不同，可以将联邦学习具体分为**横向联邦学习**、**纵向联邦学习**和**联邦迁移学习**，每种技术细分对应不同场景。

如图 2-3 所示，横向联邦学习适用于各数据持有方的业务类型相似、所获得的用户特征多而用户空间只有较少重叠或基本无重叠的场景。例如，各地区不同的商场拥有客户的购物信息大多类似，但是用户人群不同。横向联邦学习以数据的特征维度为导向，取出参与方特征相同而用户不完全相同的部分进行联合训练。在此过程中，通过各参与方之间的样本联合，扩大了训练的样本空间，从而提升了模型的准确度和泛化能力。

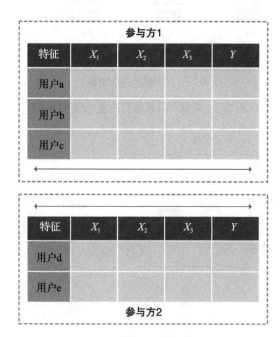

图 2-3　横向联邦学习图解

如图 2-4 所示，纵向联邦学习适用于各参与方之间用户空间重叠较多，而特征空间重叠较少或没有重叠的场景。例如，某区域内的银行和商场，由于地理位置类似，用

户空间交叉较多，但因为业务类型不同，用户的特征相差较大。纵向联邦学习是以共
同用户为数据的对齐导向，取出参与方用户相同而特征不完全相同的部分进行联合训
练。因此，在联合训练时，需要先对各参与方数据进行样本对齐，获得用户重叠的数
据，然后各自在被选出的数据集上进行训练。此外，为了保证非交叉部分数据的安全
性，在系统级进行样本对齐操作，每个参与方只有基于本地数据训练的模型。

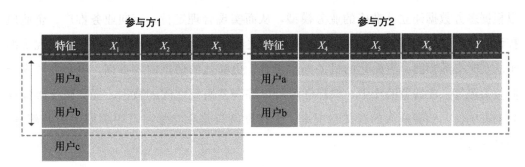

图 2-4   纵向联邦学习图解

联邦迁移学习是对横向联邦学习和纵向联邦学习的补充，适用于各参与方用户空
间和特征空间都重叠较少的场景。例如，不同地区的银行和商场之间，用户空间交叉
较少，并且特征空间基本无重叠。在该场景下，采用横向联邦学习可能会产生比单独
训练更差的模型，采用纵向联邦学习可能会产生负迁移的情况。联邦迁移学习基于各
参与方数据或模型之间的相似性，将在源域中学习的模型迁移到目标域中。大多采用
源域中的标签来预测目标域中的标签准确性。

2.4 联邦学习的优势与前景

分布式机器学习框架通过集中收集数据，再将数据进行分布式存储，将任务分散
到多个 CPU/GPU 机器上进行处理，从而提高计算效率。与之不同的是，联邦学习强
调将数据一开始就保存在参与方本地，并且在训练过程中加入隐私保护技术，拥有更
好的隐私保护特性。各参与方的数据一直保存在本地，在建模过程中，各方的数据库
依然独立存在，而联合训练时进行的参数交互也是经过加密的，各方通信时采用严格
的加密算法，难以泄露原始数据的相关信息，因而联邦学习保证了数据的安全与隐私。

此外，联邦学习技术可使分布式训练获得的模型效果与传统中心式训练效果相差无几，训练出的全局模型几乎是无损的，各参与方能够共同获益。

在大数据与人工智能快速发展的当下，联邦学习解决了人工智能模型训练中各方数据不可用、隐私泄露等问题，因而应用前景十分广阔。联邦学习可用于在海量数据集下的模型训练，实现部门、企业及组织之间的联动。例如，在智慧金融领域中，可以根据多方数据建立更准确的业务模型，从而实现合理定价、定向业务推广、企业风控评定等；在智慧城市中，实现各政府机构之间、企业与政府之间的联合，实现更准确的实时交通预测，更简化的机关办事步骤，更高效的信息内容查询，更全面的安全防控检测等；在智慧医疗中，联邦学习可以综合各医院之间的数据，提高医疗影像诊断的准确性，预警病人的身体情况等。上述举例只是联邦学习可用领域中的一部分，未来它将覆盖更广阔的应用场景。

2.5　本章小结

本章对联邦学习进行了系统性概述。联邦学习基于分布式机器学习框架，拥有严格的隐私保护策略，保证了各参与方数据的安全。联邦学习有客户端/服务器架构和对等架构两种架构，不同的架构下交互方式不同。不论是在何种架构下，联邦学习过程都可以保证隐私安全，符合数据条例和参与方共同受益原则。基于场景中各方数据的特征对比，联邦学习可以分为横向联邦学习、纵向联邦学习和联邦迁移学习。此外，在智慧城市、智慧医疗、智慧金融等实际场景中，联邦学习拥有广阔的应用和发展前景。

第二部分

原　　理

第 **3** 章

联邦学习的工作原理

联邦学习,可以理解为大数据、分布式计算、网络空间信息安全与机器学习的一个交叉领域,其目的是采用分布式机器学习的模型训练方式,通过隐私计算的方法来确保训练过程中大数据的隐私性。本章将从计算环境、算法和算子三个方面展开,讲述联邦学习到底是如何工作的。

3.1 联邦学习的计算环境

可信安全计算环境是联邦学习对于数据计算安全的重要保障,包含可信执行环境和无可信计算环境两部分。可信执行环境通常用于移动端,是被隔离开的一块区域,为数据和代码的安全执行提供保障。无可信计算环境下的安全多方计算则是以实现隐私保护为目的,解决一组彼此互不信任参与方之间的协同计算问题。

3.1.1 可信执行环境

可信执行环境(Trusted Execution Environment,TEE),顾名思义,指值得信赖的计算环境,可以理解为一套基于硬件环境的安全计算方案。接下来,让我们看看 TEE 是如何完成这项保障数据安全的任务的。

1. 可信执行环境介绍

可信计算(TC)是国际可信计算组织(TCG)推出的一项研究，TCG 希望通过专用的安全芯片(TPM/TCM)来增强各种计算平台的安全性[一]。而 TEE 相较于 TC，更利于移动设备使用，因为该环境中的安全性可以被验证，可以将联邦学习过程的一部分放入其中。

具体而言，TEE 是移动设备 CPU 上的一块区域，其作用是为数据和代码的执行提供一个更安全的空间，以确保它们的机密性和完整性。安全元件(Secure Element，SE)也是一种安全保护手段，它通常以芯片形式提供，具有极高的安全等级。不过，它对外提供的接口和功能极其有限，主要关注保护内部密钥。此外，在移动终端上使用额外的 SE 会导致成本升高。因此，TEE 在提供安全性的同时，与 SE 相比又有低成本的优势。

可以看到，TEE 能对联邦学习系统起到很好的数据保护作用，为隐私敏感的数据提供远程安全计算的保障。TEE 已在较多的产品中推广应用，比如阿里云 Link TEE 系列产品针对密码算法和密钥管理，利用国密 SM 算法，进行密钥层级结构和管理；ARM TrustZone[三]在数据保护、支付等场景中提供保障；英特尔的 SGX 处理器[四]中也应用了 TEE，用于保护敏感数据。

2. 可信执行环境实现原理

TEE 对应的设备结构如图 3-1 所示，主要由 4 个部分构成：两个执行环境，REE(Rich Execution Environment，开放执行环境)和 TEE；两种存储区域，外部永久和非永久存储器，这些存储器独立于 REE 和 TEE。这两个相互独立、隔离的执行环境分别有自己的随机存储器(RAM)、只读存储器(ROM)、核心处理器、外围设备、码加速器

[一] M Sadegh Riazi，Christian Weinert，Oleksandr Tkachenko，Ebrahim M Songhori，Thomas Schneider，and Farinaz Koushanfar. Chameleon：A hybrid secure computation framework for machine learning applications. In Proceedings of the 2018 on Asia Conference on Computer and Communications Security，pages 707-721. ACM，2018.

[二] Feng D，Qin Y，Feng W，et al. The theory and practice in the evolution of trusted computing[J]. Chinese Science Bulletin，2014，59(32)：4173-4189.

[三] Arm TrustZone Technology. https://developer.arm.com/ip- products/security- ip/trustzone Accessed：2020-03-25.

和一次性编程的加密内容(如硬件密钥)。两个执行环境的区别是，TEE 的组成部分是可信的，也是可进行联邦学习计算的部分；而 REE 是公开的，因而不可信。

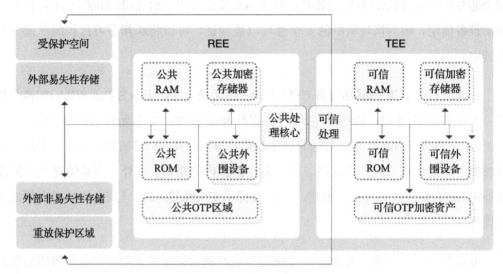

图 3-1　TEE 的通用硬件结构

如图 3-2 所示，TEE 在片上系统(System on Chip，SoC)中通过增添片上子系统来实现。在这种方案下，TEE 被当作一个库或者嵌入的安全元件，将实现一系列的安全服务，如密钥管理、安全存储等。

在 TEE 的安全机制方面，启动的完整性由安全或者认证启动保证，TEE 能够提供这种保证。在安全启动中，如果一个启动加载器或者其他接受其管理的启动进程组件被检测到篡改了平台启动，那么设备的启动进程将会被终止。常见的安全启动会使用代码签名，在设备组装时，会把启动序列开始部分存储在设备处理器芯片的 ROM 中，以保证其不会被恶意篡改。之后，处理器必须无条件地从这个内存区域开始启动执行。启动代码证书包括启动代码的散列值，并且这个证书已被签发到相应设备的可信根。比如设备厂商的不可更改公钥，可以用来验证启动组件的完整性。

安全启动进程可以分 5 步来执行：

1) 启动从可信的 ROM 开始；

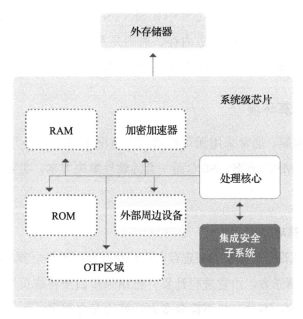

图 3-2　可信执行环境硬件结构图：片上子系统

2）初始化完成，并且 TEE 的操作系统被验证；

3）TEE 的可信操作系统启动完毕，然后为启动 REE 做准备；

4）开放环境接管设备并初始化开放操作系统；

5）REE 建立，TEE 功能就绪。

目前，主流的芯片架构平台都有各自的 TEE。

ARM 平台：ARM 平台有 TrustZone，我们用的 Android 和 iOS 设备都是通过 Trust-Zone 来保护我们录入的指纹信息、脸部信息等个人隐私数据。ARM 由不同厂商定制，实际方案有很多，如 Kinibi(三星)、QSEE(高通)、TEE OS(华为)、Knox(三星)等。

Intel 平台：Intel 平台有 SGX(Software Guard Extensions)，Intel 提供了便利的 SDK 和开发环境。SGX 技术可以在联邦学习的每个节点中创建有助于确保数据安全的内存空间，用于中间参数的交互和传输，以防止内外部攻击。模型更新时，可以通过 SGX 硬件远程验证确认双方身份，构建加密通道，保证模型不被恶意窃取和入侵。SGX 现已成为使用最广泛的 TEE 平台之一。

AMD 服务器：AMD 的服务器芯片中有 SEV(Secure Encrypted Virtualization)，主要用来加密服务器上运行的虚拟机内存，原理是在 AMD 的处理器中内置一块小的 ARM 芯片，专门用来加密虚拟机的内存和在状态切换时加密寄存器。

3.1.2 无可信计算环境

没有 TEE 的时候，通常采用无可信第三方情况下的安全多方计算(Secure Multi-party Computing，MPC)方案。MPC 是一套纯软件解决方案，主要通过加密算法保障数据安全。

1. 安全多方计算环境

在 MPC 协议的设计过程中，假定存在可信第三方，则每个参与方只要把自己的数据加密后传给可信第三方，由它进行计算并把结果传回至各成员即可。如此一来，协议过程便可简单实现，不过这并不符合多方计算的安全需求。而无可信第三方的分布式计算协议是复杂的，但更符合安全多方计算的安全目标。因此，安全多方计算的研究主要是针对无可信第三方的计算环境。

MPC（见图 3-3）是指在分布式环境下，多个参与者共同对某个函数进行计算。其

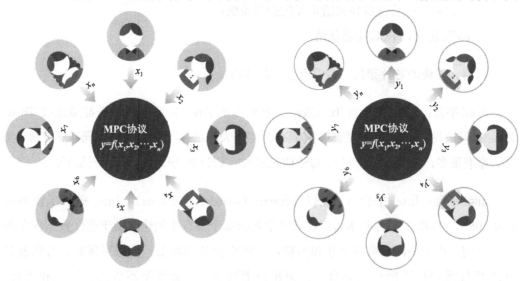

图 3-3　MPC 示意图

中，函数的输入信息分别由这些参与者提供，且每个参与者的输入信息是保密的，彼此之间无法获知输入信息。在计算结束后，各参与者获得正确的计算结果关于安全多方计算的原理、类型和应用参见 4.2.3 节。

2. 安全多方计算分类

MPC 的实现大致可归为两类：一类是基于噪声的，另一类是不基于噪声的。

（1）基于噪声的安全计算方法

这类方法的主要代表是差分隐私（Differential Privacy），其主要思想是用噪声对计算过程进行干扰，其核心目的是隐藏模型参数等数据信息，进而使参与者无法根据得到的结果反推出原始数据。

基于噪声的安全计算方法，由于可以只生成服从特定分布的随机数，因此计算效率较高。不过，这也会导致最后的输出结果不够准确，特别是对于复杂的计算任务，其结果会与无噪声的结果相差很大而无法使用。

（2）非噪声的安全计算方法

这一类方法主要包括茫然传输（Oblivious Transfer）、混淆电路（Garbled Circuit）、同态加密（Homomorphic Encryption）和密钥分享（Secret Sharing）。这些方法一般在源头上就对数据进行加密或编码，计算的操作方看到的都是密文，因此只要满足特定的假设条件，这类方法在计算过程中是不会泄露信息的。

相比于基于噪声的方法，非噪声的安全计算方法的优点是不对计算过程加干扰，因此我们最终得到的是准确值，且有密码学理论加持，安全性有保障；缺点则是由于使用了很多密码学方法，整个过程中无论是计算量还是通信量都非常庞大，对于一些复杂的任务（如训练几十上百层 CNN 等），短时间内可能无法完成。

3.2　联邦学习的算法

联邦学习的算法主要可分为两个部分：中心联邦优化算法和联邦机器学习算法。

其中，中心联邦优化算法作用于服务器，可以在服务器进行聚合计算时提升模型指标、收敛速度或达到其他特定目的。联邦机器学习算法是在传统机器学习算法的基础上，将计算步骤进行拆分、重组或近似，以达到不共享数据也能训练模型的目的。

3.2.1 中心联邦优化算法

FedAvg(Federated Averaging)是目前最常用的联邦学习优化算法[⊖]。与常规的优化算法不同，其本质思想是对数据持有方的局部随机梯度下降进行单机优化，并在中央服务器方进行聚合操作。FedAvg 的目标函数定义如下：

$$f(\omega^*) = \min\left\{ f(\omega) = \frac{1}{M}\sum_{n=1}^{M}\mathbb{E}\big[f(\omega;x;\ x \in n)\big] \right\} \tag{3-1}$$

其中，M 表示参与联合建模的数据持有方数量，ω 表示模型当前的参数。

FedAvg 是一种比较基础的联邦优化算法，部署相对简单，应用领域很广泛。FedAvg 的算法流程如下。

算法 3-1 FedAvg 联邦平均算法

输入：从 N 个客户端中随机选择 M 个客户端；

I 为循环次数；ω_0 为服务器提供的初始梯度；

E 为本地 SGD（随机梯度下降法）上的时段数；

$$n = 1,\ \cdots,\ M$$

服务器：

初始化 ω_0

从 $\tau = 1,\ 2,\ \cdots,\ T$：

服务器发送 ω_τ 至 M_τ；

每个客户端 $n \in M_\tau$：

$\omega_{\tau+1}^n \leftarrow \text{LocalUpdate}(n,\ \omega_\tau)$

⊖ McMahan, H. Brendan, et al. Communication-efficient learning of deep networks from decentralized data. arXiv preprint arXiv：1602.05629(2016).

$$\omega_{\tau+1} \leftarrow \frac{1}{N} \sum_{n=1}^{M_\tau} \omega_{\tau+1}^n$$

$\text{LocalUpdate}(n, \omega)$：

　　每个本地设备时段数 1 到 E：

　　　　根据学习率 η 和 ω_τ^n 更新 $\omega_{\tau+1}^n$

　　　　将 $\omega_{\tau+1}^n$ 反馈给服务器

输出：优化后的全局梯度参数 ω

大部分联邦优化算法是在 FedAvg 的基础上发展而来的,例如 FedProx、FedPer 等(见表 3-1)。感兴趣的读者可以查阅更多文献来了解此部分内容。

表 3-1　中心联邦优化算法

算法	特性
FedAvg	部署复杂度低,使用广泛
FedProx [一]	通过控制局部迭代次数降低异构数据对整体的影响,提升异构数据兼容性
SCAFFLOD [二]	通过控制变量降低客户端之间模型更新的偏离程度,提升异构数据兼容性
FedPer [三]	通过消除统计异质性的不良影响,提升异构数据兼容性

3.2.2　联邦机器学习算法

联邦机器学习算法指在联邦学习框架下的经典机器学习算法。联邦机器学习,尤其是横向联邦学习,在整体模式上与分布式机器学习类似。但是由于联邦学习特有的迭代模式和特点,相较于传统的机器学习算法,联邦机器学习算法的实现显得更加复杂。联邦机器学习算法的实现往往基于上述联邦优化算法的框架,但因为机器学习算法之间的差异性,有时需要进行一些针对性的修改,同时需要考虑实际过程中的安全性等因素。下面将介绍 3 种目前常见的联邦机器学习算法。

［一］　Li, Tian, et al. Federated optimization for heterogeneous networks. arXiv preprint arXiv: 1812.06127 (2018).

［二］　Karimireddy, Sai Praneeth, et al. SCAFFOLD: Stochastic controlled averaging for on-device federated learning. arXiv preprint arXiv: 1910.06378(2019).

［三］　Arivazhagan, Manoj Ghuhan, et al. Federated Learning with Personalization Layers. arXiv preprint arXiv: 1912.00818(2019).

1. 联邦线性算法

联邦线性算法的种类很多,包括线性回归、逻辑回归、非广义线性回归等。以纵向逻辑回归为例,它是联邦学习框架下的一种非常典型的线性算法,其目标函数如下:

$$\min\left\{\frac{1}{N}\sum_{n}^{N}\mathcal{L}(\omega;\ x_n;\ y_n)\right\} \tag{3-2}$$

其中,ω 表示模型的参数,$\mathcal{L}(\omega;\ x_n;\ y_n)$ 表示模型损失函数。

在纵向联邦学习中,通常假设数据持有方分为有标签数据持有方和无标签数据持有方。这种算法在联邦优化算法的框架下结合了同态加密的思想,在训练过程中通过同态加密的方法对双方的数据和梯度进行加密。假设无标签数据持有方 α 数据为 $d_\alpha = \omega^{\alpha^T} x$,其中 ω^{α^T} 表示第 T 轮状态下的无标签数据持有方的模型参数。用 $[\![d_\alpha]\!]$ 表示对 d_α 的同态加密,整个训练过程可以描述如下。

无标签数据持有方 α 首先向有标签数据持有方 β 发送 $[\![d_\alpha]\!]$,β 计算梯度与损失,加密后回传。中央服务器收集分别来自 α,β 的加密梯度后辅助 α,β 进行模型更新。为减少通信次数,降低通信消耗,这种方法引入了一个向量 s 来体现模型的变化,辅助更新,并使用了周期性梯度更新。

2. 联邦树

树模型是机器学习的重要分支,包括决策树、随机森林等。其中,联邦森林是一种基于中心纵向联邦学习框架的随机森林实现方法。在建模过程中,每棵树都实行联合建模,其结构被存储在中央服务器及各个数据持有方,但是每个数据持有方仅持有与己方特征匹配的分散节点信息,无法获得来自其他数据持有方的有效信息,这保障了数据的隐私性。最终整个随机森林模型的结构被打散存储,中央服务器中保留完整结构信息,节点信息被分散在各数据持有方。使用模型时,可以通过中央服务器对每个本地存储节点进行联调,这种方法降低了预测时每棵树的通信频率,对通信效率有一定的提升。

SecureBoost 是一种基于梯度提升树(GBDT)的去中心化纵向联邦学习框架 ⊖。它同样包含有标签数据持有方和无标签数据持有方。梯度提升树算法交互的参数与线性算法有很大区别，涉及二阶导数项。根据一般的梯度提升树算法，我们的目标函数如下：

$$\min\Big\{\mathcal{L}^{\tau} \simeq \sum_{n}^{N} \big[j\,(y_n,\ \hat{y}_i^{(\tau-1)}) + F(x_i) \big] \Big\} \tag{3-3}$$

其中，$F(x)$ 为预测残差的一阶、二阶导数之和，即泰勒二次展开式。为防止过拟合，在损失函数中添加正则项：

$$\varphi(f_{\tau}) = \gamma T + \frac{1}{2}\lambda \|\omega\|^2 \tag{3-4}$$

其中，γ 和 λ 为超参数，分别控制树和特征的数量。

在一般分布式机器学习中，可以通过向参与方发送 $F(x)$ 实现联合建模。但是由于使用 $F(x)$ 可以反推出数据标签，这样的方法显然不适用于联邦学习框架。因此，SecureBoost 采用一种既能保护数据隐私又能保证训练性能的联合建模方法。有标签数据持有方 α 首先计算 $F(x)$ 并将结果加密后发送给无标签数据持有方 β。β 根据同态加密求和方法进行局部求和并将结果回传。收到计算结果后，α 将数据按照特征分桶并进行聚合操作，将加密结果发送给 β。最终由 α 将从 β 中收集的局部最优解聚合产生最优解，并下发回 β，完成联合建模。需要说明的是，SecureBoost 支持多方合作，即无标签数据持有方 β 表示所有无标签数据持有方的集合，但是有标签数据持有方仅为一方。SecureBoost 在保障了模型准确率的情况下，保护了数据隐私，成功将纵向 GBDT 应用在联邦学习的框架中。

3. 联邦支持向量机

联邦支持向量机主要通过特征散列、更新分块等方式来保障数据的隐私性 ⊖。其目

⊖　CHENG Kewei，FAN Tao，JIN Yilun，et al. SecureBoost：A Lossless Federated Learning Framework. arXiv preprint arXiv：1901. 08755(2019).

⊖　Hartmann，Valentin，et al. Privacy-Preserving Classification with Secret Vector Machines. arXiv preprint arXiv：1907. 03373(2019).

标函数如下：

$$\min\left\{\mathcal{L}(\omega) = \frac{1}{N}\sum_{i}^{N} L(\omega, x_i, y_i) + \lambda R(\omega)\right\} \tag{3-5}$$

其中，N 表示训练数据，ω 表示模型参数，$L(\omega, x_i, y_i)$ 为在点 (x_i, y_i) 的损失，$\lambda R(\omega)$ 为损失函数的正则项，超参数 λ 控制惩罚力度。

在支持向量机中，其损失函数 $L(\omega, x_i, y_i) = \max\{0, 1 - \omega^T x_i y_i\}$。类似于 Sim-FL，这里也对特征值进行降维散列处理，隐藏实际的特征值。除此之外，由于在线性支持向量机中，中央服务器有一定概率根据更新梯度反推出数据标签，为了保护数据的隐私性，这里采用了次梯度法的更新方式。在实际表现中，这种支持向量机在联邦框架下的应用具有不亚于单机支持向量机的性能。

3.2.3 联邦深度学习算法

在联邦学习系统中，为了保障数据隐私安全，客户端在进行数据通信时，往往会对传输的信息进行编码和加密，同时由于原始用户数据对中央服务器不可见，所以训练样本在模型搭建时对中央服务器及模型设计人员不可观测。之前用于经典深度学习的相关模型在联邦学习系统中不一定是最优设计。为了避免网络模型的冗余，需要对经典深度学习模型 NN、CNN、LSTM 等进行相应的修改。此外，为了适应联邦学习的流程，提高训练效果，需要对学习训练的一些环节（如参数初始化、损失计算及梯度更新等）进行相应的调整。

1. 神经网络

H. Brendan 等人曾用联邦学习框架下的 NN 和 CNN 分别在 MNIST 数据集上进行测试[⊖]。对于 NN，模型的具体结构为含有两个隐藏层的神经网络，每个隐藏层包含 200 个神经元，且隐藏层用 ReLU 激活函数进行激活。他们将 MNIST 数据集分配到两个计算节点，每个计算节点含有样本量大小为 600 且无交集的子数据集。在进行联邦

⊖ Mcmahan H B, Moore E, Ramage D, et al. Communication-Efficient Learning of Deep Networks from Decentralized Data[J]. 2016. http://arxiv. org/abs/1602. 05629.

训练时，为了验证模型参数初始化和聚合比例带来的影响，将实验分为具有不同初始化方式的两组：一组使用相同的随机种子初始化分配在两个计算节点的模型参数，另一组则使用不同的随机种子初始化模型参数。然后每组实验用不同的比例整合来自不同节点的模型参数，以获取最终的联邦共享模型，即

$$\omega_{FL} = \theta\omega + (1-\theta)\omega' \tag{3-6}$$

其中，ω_{FL} 为联邦模型参数，ω 和 ω' 为分布在不同节点的模型参数，θ 用来调整两个模型参数之间的比例。实验发现，在达到相同的精度时，联邦学习需要的训练回合更少，训练效率更高。在都使用联邦学习时，相同随机初始化种子的联邦模型具有较好的效果，在模型参数比例为 1：1 时，达到最优损失。

2. 联邦 LSTM

LSTM(Long Short-Term Memory，长短期记忆网络)主要运用在联邦模型中，它可用于预测字符、情感分析等场景。在合适的超参数设置下，LSTM 模型在非独立同步分布(non-IID)数据集下可达到常规情况下的模型精度。由于 LSTM 在模型训练过程中产生的参数量较大，容易造成通信堵塞，有研究者在卷积网络的基础上研究优化模型参数压缩在 non-IID 数据集下的应用[⊖]。在客户端与中央服务器通信时，相较于无压缩 Baseline 的 2422 MB 网络参数量，使用基于 STC 编码的通信协议的联邦学习系统可以在保证模型收敛效果的同时，将上行通信参数量压缩至 10 MB 左右，将下行通信参数量压缩至 100 MB 左右。

3.3　联邦学习的算子

算子是一个函数空间到另一函数空间的映射，是算法的组成部分。如果要进行联邦学习的实践和运用，那么在复杂的联邦学习过程中抽象出联邦学习的算子是一个必不可少的环节。本节内容是我们在联邦学习领域多年的研究和工程经验所得，主要分

⊖　Sattler F，Wiedemann S，Müller，Klaus-Robert，et al. Robust and Communication-Efficient Federated Learning from Non-IID Data[J]. 2019. https://arxiv.org/abs/1903.02891.

为两个部分：建模工作的数据预处理和模型训练。

3.3.1 联邦学习数据预处理算子

在联邦学习中，数据预处理是非常重要且具有难度的一环，因为我们需要在不知道数据全貌的情况下，完成数据的整理和清洗工作。接下来，让我们一起看看联邦学习框架下的样本对齐、特征相似度分析、特征对齐、特征分箱、特征缺失值填充和数据指标分析分别是如何进行的。

1. 样本对齐

样本对齐是纵向联邦学习中不可或缺的一环。通常，联邦学习参与者所拥有的数据样本并非完全重合，纵向联邦学习需要找到样本重叠的部分，并且对其进行同样规则的排序，以保证在模型训练时数据是"对齐"的。

样本对齐的方式有多种，例如基于映射的散列算法、比特承诺，基于 RSA 加密体系的茫然传输等。

（1）散列算法

散列（Hash）算法是一个多对一的映射函数（见图 3-4）。对于所有目标文本，其映射结果的长度相同。同时，由散列的多对一性质可知，散列算法一定是不可逆的，因为一个散列结果可能对应着多个明文。

图 3-4 散列算法

在联邦学习中，如果只需要对齐用户数据，则本质上是对用户 ID 数据的比较验证，不需要知道具体 ID，也就无须还原成明文形式。在这种场景下，散列算法正好可以满足此要求，通过比对散列结果，既能实现 ID 匹配，又无法还原 ID 数据。

（2）比特承诺

比特承诺是加密领域的重要基础协议之一，它由图灵奖得主 Blum 提出，可用于构建零知识证明、可验证秘密共享等。比特承诺的基本思想见表 3-2。

表 3-2　比特承诺

	Alice	Bob
第一阶段	Alice 向 Bob 承诺一个比特或一个比特串 b	Bob 不知道 b 的信息
第二阶段	Alice 无法篡改 b 的值	验证 Alice 在第一阶段承诺的是否为 b

比特承诺可以解决散列算法中信息不对称的问题（在散列算法中，散列结果的比对方将先知道哪些用户为共有用户）。

（3）茫然传输

茫然传输（Oblivious Transfer，OT）也叫不经意传输，是一种基本密码学原语，最早在 1981 年由 Michael O. Rabin 提出。其基本思想是，Alice 每次发送两条信息，而 Bob 只能以一半的概率收到一个输入值 m_c（见图 3-5）。协议结束时，Alice 不知道 Bob 接收的是什么，而 Bob 也只能获得 m_c，对其他信息一无所知。当然，茫然传输也可以由 2 取 1 拓展为 n 取 1。

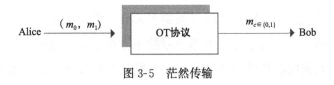

图 3-5　茫然传输

茫然传输与比特承诺一样，不存在信息不对称的问题，并且可以有效保护双方不愿意泄露的明文信息，防御撞库等攻击行为。

2. 特征相似度分析

不同参与者数据拥有的特征不尽相同，在隐私保护的需求下，参与者无法共享底层数据的明文信息，那么如何挑选合适的入模特征呢？这时，特征相似度分析技术就能帮上忙了。通过要求参与者对所有特征进行详细描述，采用该技术对特征的描述进行语义分析，可以帮助分析不同参与者数据特征之间的相似度，从而为特征筛选、特征对齐和分箱做准备。

在纵向联邦学习中，当用户数据对齐后，特征之间的相似度计算有利于参与方筛选出重复特征，降低模型训练过程中过拟合的可能性；在横向联邦学习中，需要参与方用相同的数据特征进行联合建模，不同数据拥有者在记录数据和处理数据时，取名和分箱的逻辑都不一样，因此需要通过相似度分析来确定特征与特征之间的对应关系。

3. 特征对齐

特征相似度分析完成后，需要进行特征对齐处理。可以对特征相似度设定阈值，将相似度超过阈值的特征视为同一特征。在模型训练中，需要对同一特征进行对齐处理，这里可以采用的对齐技术是对特征进行统一编码处理，将编码一致的特征视为同一特征。

4. 特征分箱

联邦学习参与方拥有的数据中不可避免有一些连续数值，连续数值在大数据模型训练时处理起来非常困难，可能会影响到模型的效果，因此在特定情况下会将连续数值转换成离散数值。传统机器学习中，通常依据证据权重（Weight of Evidence）和信息量（Information Value）来确定分箱策略。

联邦学习的特征分箱逻辑与传统机器学习无异，都是基于特征的统计指标和分享后的信息情况进行，其不同于传统机器学习的地方在于，分箱指标的计算是基于特征的所有数据的。在纵向联邦学习框架下，一个特征只归属于一方；而在横向联邦学习框架下，同一个特征的数据分散在所有数据参与者手中，此时需要借鉴一些安全的手段来完成分箱策略。

5. 特征缺失值填充

特征缺失值填充是数据预处理中很重要的一步，需要依据特定的场景选择合理的缺失值填充方式，常见的填充方式有中位数填充、众数填充、平均数填充和 0 值填充等。

联邦学习框架下的缺失值填充可以分两种情况讨论：纵向联邦学习和横向联邦学

习。在纵向联邦学习中，各方参与者所拥有的特征并不相同，因此其缺失值填充的方式与传统机器学习并无差异，在此不再赘述。在横向联邦学习中，两方拥有的特征相同，0 值填充比较简单，直接补 0 操作即可，而中位数、众数和平均数的计算均需结合所有参与方的数据一起计算，这时就需要引入加密算法。

以采用同态加密计算平均数为例。所有参与方在密钥分配系统下生成一套共享的同态加密密钥对，使用公钥对特征值的和及用户数分别进行加密后，传给可信第三方；可信第三方对所收到的值进行密文求和，得到该特征值的总和及总用户数，将密文结果返回给所有参与者；参与者用私钥解密后，用总和除以总户数得到平均数，用这个数据完成缺失值填充。中位数、众数也可以用类似的方法得到。

6. 数据指标分析

在联合建模开始前，对参与方的数据指标分析有助于联邦学习参与者对建模合作进行预判，常见的数据指标有样本数量、特征数量、特征分布情况（中位数、众数、平均值、最大值、最小值、离散程度等）、特征缺失情况等。

当然，在一些对数据保密性要求比较高的情况下，数据指标分析不一定适用，因为统计值本身也代表着信息量。

联邦学习数据预处理算子的对比情况见表 3-3。

表 3-3　联邦学习数据预处理算子

联邦算子	举例	特性
样本对齐	散列算法、比特承诺、茫然传输	将多方参与者的样本 ID 在不泄露的情况下进行一一匹配对齐
特征相似度分析	NLP 分析	从语义层面分析特征是否一致
特征对齐	统一编码	对特征进行编码，进一步完成特征的对齐
特征分箱	证据权重、信息量	在联邦学习中，特征分箱的逻辑与传统的机器学习无异，但是分箱指标的计算是基于所有参与方的数据的
特征缺失值填充	中位数填充、众数填充、平均数填充、0 值填充	特征缺失值填充是数据预处理中很重要的一步，需要依据特定的场景选择合理的缺失值填充方式
数据指标分析	统计样本分析	分析参与方的数据质量，预判联邦建模是否有价值

3.3.2　联邦学习模型训练算子

类似于数据预处理算子，联邦学习模型训练算子可分为损失函数计算、梯度计算、正则化、激活函数、优化器、联邦影响因子和激励机制等六部分，其中联邦影响因子和激励机制是联邦学习框架所特有的。

1. 损失函数计算

损失函数的计算与对"损失"的定义有关。损失函数是通过不同的函数表达式，计算预测值与真实值的偏差。损失函数的输出值越小，代表真实值和预测值的偏离程度越小，模型预测的效果也越好。损失函数主要包含 0-1 损失函数、绝对值损失函数、对数损失函数等。

（1）0-1 损失函数

0-1 损失函数使用 0 和 1 来比较预测值和真实值是否一致，是一种非凸函数，其函数表达式如下：

$$L(Y,\ f(X)) = \begin{cases} 1,\ Y \neq f(X) \\ 0,\ Y = f(X) \end{cases} \tag{3-7}$$

其中，Y 代表真实值，$f(X)$ 代表预测值。若两者相等则值为 1，反之为 0。0-1 损失函数经常被用于二分或者多分类问题上。

（2）绝对值损失函数

绝对值损失函数使用预测值与真实值差的绝对值来计算损失，它的函数表达式如下：

$$L(y,\ f(x)) = |y - f(x)| \tag{3-8}$$

其中，y 代表真实值，$f(x)$ 代表预测值。该式表示真实值与预测值之间的距离。绝对值损失函数经常用在回归问题上。

（3）对数损失函数

对数损失函数也称为交叉熵损失，基于极大似然估计思想，计算正确预测的概率，其函数表达式如下：

$$L(Y, P(Y|X)) = -\log P(Y|X) \tag{3-9}$$

其中，$P(Y|X)$ 代表在 X 的基础上，预测值为 Y 的概率，即预测成功的概率。对数损失函数用于逻辑回归算法，适用于求解多分类问题中的置信度。

（4）平方损失函数

平方损失函数通过预测值与真实值差值的平方来计算损失，其函数表达式如下：

$$L(y, f(x)) = (y - f(x))^2 \tag{3-10}$$

其中，$(y - f(x))^2$ 表示预测值与真实值之间距离的平方。平方损失函数与绝对值损失函数原理相似，而且也经常用于回归问题。

（5）Hinge 损失函数

Hinge 损失函数属于代理损失函数，可以被看作 0-1 损失函数的凸代理函数，它的函数表达式如下：

$$L(y, f(x)) = \max(0, 1 - yf(x)), \quad y \in \{-1, 1\} \tag{3-11}$$

其中，y 代表真实值；当 $yf(x)$ 为正值时，代表样本分类正确，损失为 0，反之损失为 $1 - yf(x)$。Hinge 损失函数通常用于 SVM 算法。

（6）感知损失函数

感知损失函数为 Hinge 损失函数的变种，通过判断样本是否分类正确来计算损失，其函数表达式如下：

$$L(y, f(x)) = \max(0, -f(x)) \tag{3-12}$$

其中，y 代表真实值；当$-f(x)$为正值时，代表样本分类正确，损失为 0，反之损失值为$-f(x)$。感知损失函数经常用于图像识别。

（7）指数损失函数

指数损失函数通常用于 Boosting 算法，表达式如下：

$$L(y, f(x)) = \exp[-yf(x)] \tag{3-13}$$

其中，y 代表真实值，计算损失为$-yf(x)$的指数。指数损失函数为 AdaBoost 算法的损失函数。

2. 梯度计算

梯度，在数学意义上是损失函数对目标的导数。但在实际的机器学习算法中，对有些损失函数直接求导难以得到计算结果，为了提升计算效率，通常采用一些近似的方法处理梯度的运算。

（1）解析法

解析法是直接对损失函数进行数学求导运算。下面的函数表达式就运用了解析法。

$$\text{grad} = \text{Loss}'(x) \tag{3-14}$$

其中，$\text{Loss}(x)$为函数的损失函数。解析法比较直接，适用于比较简单的损失函数表达式。

（2）数值法

数值法是对梯度进行近似计算，利用目标位置附近两个点的数值进行计算。下面的函数表达式就运用了数值法。

$$\text{grad} = \frac{\text{Loss}(x+\Delta) - \text{Loss}(x-\Delta)}{2x} \tag{3-15}$$

其中，Δ 代表误差值。数值法适用于损失函数表达式无法直接求导或求导计算量过大的情况，它采用数值分析中中心差分的方法，将误差值控制在 $O(\Delta^2)$ 数量级上。

（3）链式法则

链式法则主要用于对复杂函数逐层求导，简化梯度运算的难度，将计算任务拆解出最底层。下面的函数表达式就运用了链式法则。

$$\mathrm{grad}=\mathrm{Loss}'(x)=\frac{\mathrm{dLoss}(x)}{\mathrm{d}p}\cdot\frac{\mathrm{d}p}{\mathrm{d}x}+\frac{\mathrm{dLoss}(x)}{\mathrm{d}q}\cdot\frac{\mathrm{d}q}{\mathrm{d}x} \tag{3-16}$$

其中，损失函数 $\mathrm{Loss}(x)$ 是 x 的复合函数。链式法则经常应用于比较复杂的函数表达式中，例如反向传播算法中使用的自动求导，就是反复利用链式法则来求解每一层神经网络的梯度。

3. 正则化

正则化通常被用于处理过拟合的问题，以保留一些偏差值的代价来降低模型复杂度，但有时可能导致拟合度不够的问题。

（1）L1 正则化

L1 正则化也被称作 Lasso 回归，将权值向量中所有元素的绝对值之和作为惩罚项来限制特征参数的大小，它的函数表达式如下：

$$\hat{w}^{\mathrm{ridge}}=\mathrm{argmin}_w\Big\{\sum_{i=1:n}(y_i-w^{\mathrm{T}}x_i)^2+\lambda\sum_{j=0:m}w_j^2\Big\} \tag{3-17}$$

此时表达式变为没有解析解的非线性方程，因而需要通过二次规划来求解。它所对应的损失函数为：

$$\mathrm{Err}(w)=\sum_{i=1:n}(y_i-w^{\mathrm{T}}x_i)^2+\lambda(\|w\|_2)^2 \tag{3-18}$$

L1 正则化虽然在计算复杂度上要高于 L2 正则化，但它可以有效地将一些不太重要的特征参数设为 0，只保留重要的特征，相当于进行了一次参数选择，达到了稀疏化参数进而防止过拟合的目的。

（2）L2 正则化

L2 正则化也被称作岭回归，将权值向量中所有元素平方和的平方根作为惩罚项来限制特征参数的大小，它的函数表达式如下：

$$\hat{w}^{\text{lasso}} = \text{argmin}_w \left\{ \sum_{i=1:n} (y_i - w^{\mathsf{T}} x_i)^2 + \lambda \sum_{j=0:m} |x_i| \right\} \tag{3-19}$$

岭回归的解在数据缩放下不具有等变性，所以需要首先进行输入数据的标准化。它所对应的损失函数为

$$\text{Err}(w) = \sum_{i=1:n} (y_i - w^{\mathsf{T}} x_i)^2 + \lambda \|w\|_1 \tag{3-20}$$

岭回归提供的平滑解可以有效缩小参数，达到防止过拟合的作用，但是它很难将参数降为 0。

L2 正则化（岭回归）倾向于减小所有的参数，L1 正则化（Lasso 回归）则倾向于将一些参数设为 0，图 3-6 为 L1 与 L2 正则化的比较。

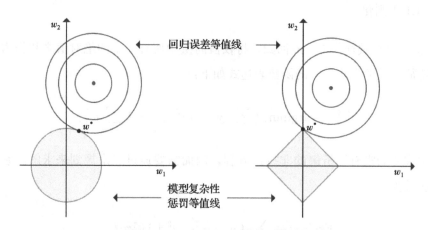

图 3-6   L1 与 L2 正则化解的分布

4. 激活函数

在神经网络中，激活函数是将神经元中的输入进行非线性转化并传递给下一层的函数。由于线性函数进行叠加输出仍是线性函数，无法构成多层神经网络，因此激活

函数必须为非线性函数。常见的激活函数有 Sigmoid、Tanh、ReLU 等。

（1）Sigmoid

Sigmoid 函数是一个比较经典和传统的激活函数，它的函数表达式如下。

$$\delta(x) = \frac{1}{1 + e^{-x}} \tag{3-21}$$

图 3-7 和图 3-8 分别展示了 Sigmoid 函数、Sigmoid 函数导数的图像。

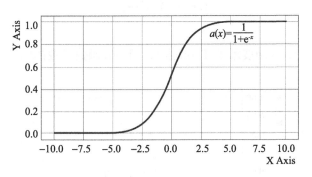

图 3-7　Sigmoid 函数

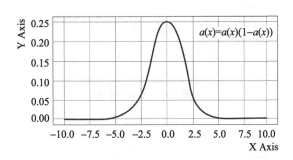

图 3-8　Sigmoid 函数的导数

从式（3-21）、图 3-7 和图 3-8 中可以看出，Sigmoid 函数值域为 $[0，1]$；当 x 趋近于负无穷时，函数值趋近于 0；而当 x 趋近于正无穷时，函数值趋近于 1；当 x 取 0 时，函数值为 1/2。由此可见，Sigmoid 函数的主要作用是将输入的连续实值变换为 0 和 1 之间的输出。

Sigmoid 函数的优势在于求导方便，并且由于函数值域位于[0，1]之间，容易理解为概率，因而它应用于二分类的输出层。其劣势在于容易"饱和"，对于[−4，4]之外的输入值，函数输出值基本不变，容易出现梯度消失的现象，导致网络难以训练，因而它只适用于浅层网络。

（2）Tanh

Tanh 是另一个传统的激活函数，它的函数表达式如下。

$$\tanh(x) = \frac{e^x - e^{-x}}{e^x + e^{-x}} \tag{3-22}$$

图 3-9 和图 3-10 分别展示了 Tanh 函数、Tanh 函数导数的图像。

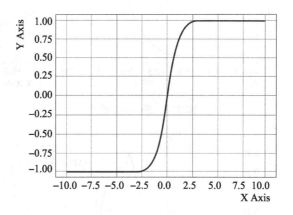

图 3-9　Tanh 函数

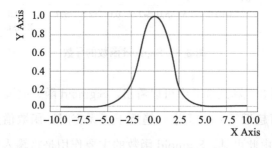

图 3-10　Tanh 函数导数

Tanh 函数的值域为 $[-1,1]$，在定义域内处处可导，当 x 的取值趋向于无穷时，函数的导数值趋向于 0，为软饱和激活函数。

Tanh 函数的优势在于：求导方便，对称性好；输出值均值为 0，方便下一层网络的学习；收敛速度较 Sigmoid 更快，迭代次数减少。Tanh 函数与 Sigmoid 同样是软饱和激活函数，虽然有效范围相较 Sigmoid 函数更大，但也容易出现梯度消失的情况，不利于深层网络的训练。

（3）ReLU

ReLU 是现阶段使用最多的激活函数，它的函数表达式如下：

$$f(x)=\max(0,x) \tag{3-23}$$

图 3-11 和图 3-12 分别展示了 ReLU 函数、ReLU 函数导数的图像。

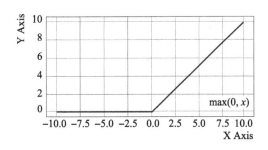

图 3-11　ReLU 函数

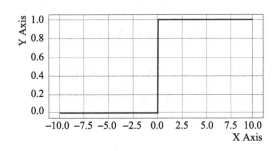

图 3-12　ReLU 函数导数

ReLU 函数为分段函数，当 x 取值为负值时，函数值始终为 0；导数值在负半轴为 0，正半轴为 1；在负值区域为硬饱和激活函数，在正半轴为非饱和激活函数。ReLU 函数的优势在于：在正半轴为非饱和函数，解决了正半轴区间上的梯度消失问题，并且函数表达式相对简单，计算速度快，网络训练时间短；在负半轴上，函数的输出值均为 0，增加了网络的稀疏性，减轻了过拟合问题，适用于神经网络较深的情况。但同时，输出值均值不为 0，会导致后一层的神经元得到的输入值不为 0，需要进行数值偏移处理；而且由于负半轴输出值为 0，存在某些神经元不会被激活的问题，即神经元死亡问题，导致某些参数无法更新，影响训练效果。

为了解决 ReLU 函数存在的问题，有人提出了改良的函数 Leaky ReLU，它的函数表达式如下：

$$f(x)=\begin{cases}\alpha x, & x<0 \\ x, & x\geqslant0\end{cases} \tag{3-24}$$

它的函数图像如图 3-13 所示。

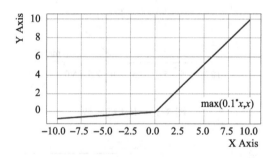

图 3-13　Leaky ReLU 函数

Leaky ReLU 函数给负值输入增加了坡度，这样函数的导数不为 0，减少了不会被激活的神经元数量，解决了 ReLU 函数在负半轴无法学习的问题。

5. 优化器

优化器，又称为优化算法，其本质是一种数学方法，主要作用是优化模型的训练过程，以更少的迭代次数、更小的计算量、更快的速度得到最优解。常见的优化器有梯度下降法、动量优化法和自适应学习率三大类。

联邦学习本质上仍是对数据特征的学习、对模型的训练，因此在本地模型训练时，不可避免地会使用到各种各样的优化算法。

（1）梯度下降法

梯度下降法是在机器学习领域最常用的一类优化器，通过观察损失函数的梯度，调整下一步模型参数迭代的方向，以得到最优解的方案或者得到逼近最优解的方案。其基本策略可以形象地理解成，你被随机放在山上的某个位置，视距是有限的，需要"寻找最快的下山路径"，因此每迈出一步，都需要朝着当前位置最陡的方向前进。梯度下降法的函数表达式如下：

$$w^{t+1} = w^t - \eta \, \nabla f(w^t) \tag{3-25}$$

其中，w 是自变量参数，η 是学习率，∇ 表示函数的斜率。

①标准梯度下降法

标准梯度下降法在训练过程中，每走一步都需要对所有的样本进行一次遍历，求解目标函数的梯度变量，直到达到局部最小值。

②批量梯度下降法

批量梯度下降法是在标准梯度下降法基础上进行的改进。在更新参数时，使用所有的样本进行迭代更新，更新公式如下：

$$\theta_i = \theta_i - \alpha \sum_{j=1:m} \left(h_\theta(x_0^{(j)}, \, x_1^{(j)}, \, \cdots, \, x_n^{(j)}) - y_j \right) x_i^{(j)} \tag{3-26}$$

其中，

$$h_\theta = \sum_{j=0:n} \theta_j x_j \tag{3-27}$$

θ_i 代表更新的梯度，h_θ 代表进行拟合的函数，α 表示学习率。批量梯度下降法使用所有的样本进行迭代更新，因此它的准确率较高，收敛速度快，但在样本量较大的情况下，会导致训练速度较慢。

③随机梯度下降法

随机梯度下降法也是在标准梯度下降法的基础上进行的改进。在更新参数时，使用一个样本进行梯度的求解并进行迭代更新，更新公式如下：

$$\theta_i = \theta_i - \alpha\big(h_\theta(x_0^{(j)}, \ x_1^{(j)}, \ \cdots, \ x_n^{(j)}) - y_j\big)x_i^{(j)} \tag{3-28}$$

其中，h_θ 的表达式为 $h_\theta = \sum_{j=0:n} \theta_j x_j$，$\theta_i$ 代表更新的梯度，h_θ 代表进行拟合的函数，α 表示学习率。随机梯度下降法可运用于线性回归，它由于每次只使用一个样本参与迭代，因而训练速度快；但由于参与迭代的样本量小，训练精度相较于批量梯度下降法较差，迭代方向变化比较大，无法很快地收敛到局部最优解。

④小批量梯度下降法

小批量梯度下降法结合了批量梯度下降法和随机梯度下降法，使用少于样本数量但多于 1 的样本进行迭代更新，更新公式如下：

$$\theta_i = \theta_i - \alpha \sum_{j=t:t+x-1} \big(h_\theta(x_0^{(j)}, \ x_1^{(j)}, \ \cdots, \ x_n^{(j)}) - y_j\big)x_i^{(j)} \tag{3-29}$$

其中，h_θ 的表达式为 $h_\theta = \sum_{j=0:n} \theta_j x_j$，$\theta_i$ 代表更新的梯度，h_θ 代表进行拟合的函数，α 表示学习率。小批量梯度下降法具有批量梯度下降法和随机梯度下降法的优点，既节约了运算成本，又提高了算法的稳定性，适用于数据量较大的情况。

（2）动量优化法

动量优化法是梯度下降法的改进算法，它在更新参数时，将历史梯度纳入考虑，引导参数更快地收敛，基本原理与惯性相似：当当前方向与历史方向相同时，当前的趋势会加强；当当前方向与历史方向相反时，当前的趋势则会减弱。

①Momentum 算法

Momentum 算法的函数表达式如下：

$$v_t \leftarrow \alpha v_{t-1} + \eta \nabla_\theta J(\theta), \; \theta \leftarrow \theta - v_t \tag{3-30}$$

其中，η 为学习率，α 表示动量的超参数，即历史梯度对当前的影响力。这使得函数更容易越过局部最小值，同时增强了稳定性，减少了训练过程中可能产生的震荡，加快了学习的速度。但同时，如果动量过大，可能出现越过最优值的问题。

②NAG 算法

NAG(Nesterov Accelerated Gradient)算法亦称 Nesterov 动量法，它是对传统动量法(Momentum 算法)进行的优化改进，其函数表达式如下：

$$v_t \leftarrow \alpha v_{t-1} + \eta \nabla_\theta J(\theta - \alpha v_{t-1}), \; \theta \leftarrow \theta - v_t \tag{3-31}$$

与传统动量法不同，NAG 算法首先根据之前的梯度加速下降的方向来预估参数的下一个位置，再在下一个位置上进行梯度计算从而修正位置，加快收敛速度。

(3) 自适应学习率

①AdaGrad

AdaGrad 算法根据不同的函数确定不同的学习率，其函数表达式如下：

$$x_t \leftarrow x_{t-1} - \frac{\eta}{\sqrt{s_t + \varepsilon}} \odot g_t \tag{3-32}$$

其中，变量 s_t 为梯度 g_t 的平方累积，即

$$s_t \leftarrow s_{t-1} + g_t \odot g_t \tag{3-33}$$

η 代表学习率，g_t 代表小批量随机梯度，$\odot$ 是按元素相乘，ε 用于维持数值稳定性，保证分母不为 0。从函数表达式中可以看出，g_t 的值越大，梯度下降得越快，但当迭代

次数达到一定程度时，分母 $\sqrt{s_t+\varepsilon}$ 也会相应变大，从而减缓梯度下降的速度。这有效解决了在训练初期，初始解离最优解距离较远，需要加快学习速率，而训练后期接近最优解，需要减小学习率以防震荡或越过最优解的问题。

②RMSProp

RMSProp 算法是 AdaGrad 算法的改进，它的函数表达式如下：

$$x_t \leftarrow x_{t-1} - \frac{\eta}{\sqrt{s_t+\varepsilon}} \odot g_t \qquad (3\text{-}34)$$

其中，变量 s_t 为梯度 g_t 平方的指数加权平均：

$$s_t \leftarrow \gamma s_{t-1} + (1-\gamma) g_t \odot g_t \qquad (3\text{-}35)$$

γ 是给定的超参数，取值范围为 $[0，1)$，其他部分与 AdaGrad 函数表达式一致。由于 AdaGrad 在训练后期可能出现训练速度过慢、难以找到最优解的问题，RMSProp 对每一个随机小批量的梯度平方采用指数加权平均的方法来替代 AdaGrad 中单纯的梯度平方累积的方法，以根据损失函数分布的疏密情况进一步调整梯度下降的速度。这可以直观地理解为，在比较平缓的空间上，梯度下降的速度加快，学习率大，加快了训练速度。

③AdaDelta

AdaDelta 算法是 AdaGrad 算法的改进，它的函数表达式如下：

$$x_t \leftarrow x_{t-1} - g'_t \qquad (3\text{-}36)$$

其中，g'_t 的函数表达式如下：

$$g'_t \leftarrow \sqrt{\frac{\Delta x_{t-1}+\varepsilon}{s_t+\varepsilon}} \odot g_t \qquad (3\text{-}37)$$

变量 s_t 为梯度 g_t 平方的指数加权平均：

$$s_t \leftarrow \rho s_{t-1} + (1-\rho)g_t \odot g_t \tag{3-38}$$

在 AdaDelta 中引入了新变量 Δx_t，用来表示 g'_t 的指数加权平均：

$$\Delta x_t \leftarrow \rho \Delta x_{t-1} + (1-\rho)g'_t \odot g'_t \tag{3-39}$$

ρ 是给定的超参数，取值范围为 $[0，1)$。与 RMSProp 不同的是，AdaDelta 去掉了学习率这一参数，加入了一个新变量 Δx_t，用 $\sqrt{\Delta x_{t-1}}$ 来代替学习率，不断调整梯度下降的速度，从而解决了 AdaGrad 算法中难以找到最优解的问题。

④Adam

Adam 算法由 Momentum 和 RMSProp 算法结合而来，其函数表达式如下：

$$x_t \leftarrow x_{t-1} - g'_t \tag{3-40}$$

其中，g'_t 的函数表达式如下：

$$g'_t \leftarrow \frac{\eta \hat{v}_t + \varepsilon}{\sqrt{\hat{s}_t} + \varepsilon} \tag{3-41}$$

变量 v_t 为梯度 g_t 的指数加权平均，同时对 v_t 进行偏差修正获得 $\hat{v}_t$：

$$\hat{v}_t \leftarrow \frac{v_t}{1-\beta_1^t}，\ v_t \leftarrow (1-\beta_1)\sum_{i=1:t}\beta_1^{t-i}g_i \tag{3-42}$$

变量 s_t 为梯度 g_t 平方的指数加权平均，同时对 s_t 进行偏差修正获得 $\hat{s}_t$：

$$\hat{s}_t \leftarrow \frac{s_t}{1-\beta_2^t}，\ s_t \leftarrow \beta_2 s_{t-1} + \beta_2 g_t \odot g_t \tag{3-43}$$

β_1，β_2 为给定的超参数，η 为学习率。Adam 算法除了保留之前梯度平方 s_t 的指数加权平均值，还保留了过去梯度 v_t 的指数加权平均值，并将两个变量进行偏差修正，使其每次迭代学习率都有确定的范围，从而加快了收敛速度。

6. 联邦影响因子

联邦学习中有两个及以上的数据拥有者参与建模,大家拥有的数据量和数据质量不同,因而每个参与者在建模中的影响也不同。通常引入影响因子(又称权重因子)来调整每个参与者训练数据在联合建模过程中的权重。

确定影响因子的方式有很多种,比如数量、数据质量、模型指标等(准确率、精确度、F1 值等)。通常,加入了影响因子后,联邦学习建模的训练速度、迭代次数和鲁棒性都将大幅提升。

7. 激励机制

激励机制是确保联邦学习生态正常运转的重要基石,需要通过经济激励的方式,吸引拥有高质量数据的公司和个体加入联邦学习生态中。关于联邦激励机制如何在联邦学习生态中运转的内容详见第 5 章。

表 3-4 给出了联邦学习模型训练算子的对比情况。

表 3-4   联邦学习模型训练算子

联邦算子	举例	特性
损失函数	0-1 损失、绝对值损失、对数损失、平方损失、Hinge 损失、感知损失、指数损失	损失函数通过不同的函数表达式,计算预测值与真实值的偏差。损失函数的输出值越小,代表真实值和预测值的偏离程度越低,模型预测的效果越好
梯度计算	解析法、数值法、链式法则	在数学意义上,梯度是损失函数对目标的导数
正则化	L1 正则化、L2 正则化	正则化通常被用于处理过拟合的问题,以保留一些偏差值的代价来降低模型复杂度
激活函数	Sigmoid、Tanh、ReLU	在联邦学习中,特征分箱的逻辑与传统的机器学习无异,但是分箱指标的计算是基于所有参与方的数据进行的
优化器	梯度下降法、动量优化法、自适应学习率	优化模型的训练过程,以更少的迭代次数、更小的计算量、更快的速度得到最优解
联邦影响因子	影响因子	引入影响因子来调整每个参与者的训练数据在联合建模过程中的权重
激励机制	经济激励	吸引拥有高质量数据的企业、个体等加入联邦学习生态中

3.4　本章小结

联邦学习系统是面向多客户端的模型训练系统，本章对联邦学习的工作原理进行剖析，详细介绍了联邦学习倚赖的可信执行环境（TEE）和无可信环境（或称开放执行环境）下的安全多方计算（MPC）。在此基础上，我们引入联邦学习算法和算子概念，阐释了中心联邦优化算法、联邦机器学习算法和联邦深度学习算法，以及针对联邦学习框架下数据预处理和模型训练的算子部分。希望读者在阅读本章后，能够对联邦学习的工作原理有个清晰的认识。

第 4 章

联邦学习的加密机制

做网络安全的人都知道，要想保证系统安全，必须确保其安全三要素是安全的。安全三要素包含完整性(Integrity)、可用性(Availability)和机密性(Confidentiality)[⊖]。

在联邦学习中，数据安全是一切的基础与核心，因此联邦学习对安全性的要求不言而喻。本章将从联邦学习面临的安全问题出发，详细阐述联邦学习中针对攻击威胁、隐私泄露等问题所采取的一系列加密方式。

4.1 联邦学习的安全问题

联邦学习面临的安全问题可归为三类，即模型的完整性、可用性和机密性。其中，模型的机密性是重中之重。一方面，数据往往是企业的根本和命脉，如果被攻击者窃取，对企业和用户来说都是致命的打击；另一方面，模型的训练成本非常高，一个好的模型背后不单单是一个优秀的算法团队，还有长达几个月甚至几年的迭代时间成本，一旦被竞争对手窃取，后果不堪设想。

4.1.1 模型完整性问题

联邦学习模型的完整性是指模型学习和预测的过程不受干扰，输出结果未被篡改

⊖ 张景林，林柏泉．安全学原理[M]．北京：中国劳动社会保障出版社，2009．

且完整。针对联邦学习模型完整性发起的攻击通常称为"对抗攻击"。对抗攻击通常分为两类：逃逸攻击与数据中毒攻击。

逃逸攻击是指攻击者在不改变目标系统的情况下，通过构造特定输入样本来欺骗目标系统。例如，虽然有些系统一直在模拟人类的视觉特性，但由于人类视觉的机理过于复杂，这些系统在判断物体时所采用的规则与人类相比仍存在一定差异。人类是通过外形特征和细节特征等一切综合因素来判断物体的，但机器学习模型可能只是根据物体的某个形态或者某个状态进行判断的 ⊖。这也为逃逸攻击提供了可能。

数据中毒的根本原因是，传统机器学习方法并没有假设输入模型的数据可能有误，模型没有充分学习到判别规则。错误数据会扰乱数据集中数据的分布，也就是说攻击者可以在输入模型的数据中加入大量质量很差甚至错误的数据，扰乱数据集中数据的分布，从而破坏模型。

对抗攻击目前已经受到了广泛关注，并且存在于大量场景下，如攻击自动驾驶汽车、物联网设备、语音识别系统、人脸识别系统等，可以说"哪里有 AI，哪里就有对抗攻击"。

4.1.2　模型可用性问题

联邦学习模型的可用性是指模型能够被正常使用。目前针对模型可用性的攻击主要利用一些传统的软件漏洞，如溢出攻击和 DDoS 攻击。

联邦学习的原理是在保证数据隐私的前提下多方进行联合建模，但这些联合模型是否一定具备可用性呢？当前投入生产的大多数机器学习模型是基于一些底层机器学习框架和第三方包的。一旦这些框架和第三方包中存在漏洞，病毒就会被引入模型，并破坏模型的可用性，自然也会破坏联合模型的可用性。这样的攻击发生后，即使正在使用的框架与第三方包被迅速丢弃，模型实际遭受的破坏也已不可避免，所以想要规避这样的漏洞攻击，通常需要寻找可靠的框架及第三方包，或者开发者从底

⊖　杨庚，王周生. 联邦学习中的隐私保护研究进展［J/OL］. 南京邮电大学学报（自然科学版），2020（05）：1-11［2020-11-02］. https://doi.org/10.14132/j.cnki.1673-5439.2020.05.022.

层做起[○]。

4.1.3　模型机密性问题

联邦学习模型的机密性是指模型需要确保其参数和数据(无论是训练数据还是上线后的用户数据)不被攻击者窃取。

在即将到来的数据时代,以打破数据壁垒为核心,联邦学习将会演化为一种赋能各行各业的服务模式。常规的机器学习系统必须保证未授权用户无法获取模型的信息,包括模型本身的信息(如模型参数、模型架构、训练方式等)和模型用到的训练数据,而对于联邦学习来说,这些要求显得更加重要。

在介绍模型可用性时提到,当前投入生产的多数机器学习模型是基于一些第三方包和框架的,使用接口来满足用户对各类机器学习模型的使用需求。Google、亚马逊、微软等都有自己的机器学习模型,在使用这些模型时,用户接触不到模型训练的实现细节。机器学习服务提供商对 API 的调用收费,对用户而言,这些 API 内的模型相当于黑盒。针对这样的黑盒,攻击者依然有办法获取模型的细节或模型背后的数据。目前针对模型机密性的攻击主要有模型萃取攻击、成员推理攻击和模型逆向攻击。

模型萃取攻击(亦称模型提取攻击)是指攻击者不断向服务器发送数据,通过查看返回的响应结果来推测模型的功能或具体参数,进而复制出一个功能相似甚至相同的机器学习模型。

成员推理攻击是指通过提供一定的数据记录和模型的黑盒访问权限,判断某个记录是否存在于模型的训练数据集中。这类攻击之所以能成立,是因为机器学习模型对训练集和非训练集的置信度有明显差别,可以训练一个攻击模型来猜测某个样本是否存在于训练集中。

模型逆向攻击是指利用机器学习系统提供的 API 来获取系统模型的初步信息,并

○　魏立斐,陈聪聪,张蕾,李梦思,陈玉娇,王勤.机器学习的安全问题及隐私保护[J].计算机研究与发展,2020,57(10):2066-2085.

以此对模型进行逆向分析来获取模型本身的隐私内容。这种攻击与成员推理攻击的区别是，成员推理攻击针对的是某一条训练数据，而模型逆向攻击则倾向于取得一定程度上的统计信息[⊖]。

4.1.4　问题总结

本节从模型的完整性、可用性和机密性三方面介绍了联邦学习目前面临的安全隐患，其中针对模型完整性和机密性的攻击会导致数据隐私泄露，针对模型可用性的攻击主要集中在产品的架构方面，会对产品的功能产生一定的影响。就目前的发展状况来看，联邦学习还有很长的路要走，而数据安全问题将是联邦学习发展过程中需要解决的首要问题。

4.2　联邦学习的加密方式

上一节提到，针对模型完整性和机密性的攻击会导致数据信息泄露，数据安全问题十分关键，本节将就数据安全问题展开介绍联邦学习的加密方式。

4.2.1　同态加密

同态加密是一种特殊的加密方式，它允许直接在密文数据上进行运算而无须提前解密。其中，密文数据的运算结果也是密文，其解密后的结果与直接在明文数据上进行运算得到的结果是一致的。它可以在加密数据中进行对比、检索等操作而无须对数据进行解密，因而能从根本上解决将数据传输至第三方时的隐私泄露问题。

1. 原理

同态是一个理论数学领域的概念，可以简单理解为两个集合内的元素之间的一种对应关系。同态加密关注的是数据处理的安全，它允许直接对已加密的数据进行处理，而不需要知道任何有关解密函数的信息。也就是说，其他人可对加密数据进行处理，

⊖ 任奎，Tianhang Zheng，秦湛，Xue Liu. 深度学习中的对抗性攻击和防御[J]. Engineering，2020，6（03）：307-339.

但在处理过程中无法得知任何原始数据信息。

同态的定义如下：x 和 y 是明文空间 M 中的元素，o 是 M 上的运算，Ek($\cdot$) 是 M 上密钥空间为 K 的加密函数，如果存在一个有效的算法 A 使得

$$A(\mathrm{Ek}(x)o\mathrm{Ek}(y))=\mathrm{Ek}(xoy) \tag{4-1}$$

我们称加密函数 Ek($\cdot$) 对运算 o 是同态的。

2. 类型

同态加密可以按照算法和作用类型分类，按照算法分类如下。

- 加法同态加密：给定加密函数 f，如果满足 $f(A)f(B)=f(A+B)$，那么我们就称 f 满足加法同态。如果一个加密函数只满足加法同态，则它只能进行加减法运算。
- 乘法同态加密：给定加密函数 f，如果满足 $f(A)f(B)=f(AB)$，那么我们就称 f 满足乘法同态。如果一个加密函数只满足乘法同态，则它就只能进行乘除法运算。

同态加密按照作用类型分类如下。

- 些许同态加密（Somewhat Homomorphic）：只能进行有限次的同态加密，即可以对密文进行有限次的任意同态操作，既能做乘法也能做加法。该加密方案不能同态计算任意的函数，只能支持一些特定函数的有限次同态操作。
- 部分同态加密（Partially Homomorphic）：能够满足无限次加法同态加密或乘法同态加密，也叫单同态加密（Single Homomorphic）。该加密方案只能做无限次的加法同态加密或者无限次的乘法同态加密操作。
- 全同态加密（Fully Homomorphic）：如果一个算法能同时满足无限次加法同态加密和乘法同态加密，那么称之为全同态加密。该加密方案可以对密文进行无限次的任意同态操作，也就是说可以同态计算任意的函数。

3. 应用

同态加密有良好的数据保密性质，他人可以对加密数据进行处理，但在处理过程中无法得知任何原始数据信息，即人们可以委托第三方对数据进行处理而不泄露信息。

有了同态加密技术，存储涉密或敏感数据的服务提供商就能由用户授权来分析数据，无须直接窥探任何隐私信息。同态加密技术广泛应用于分布式计算环境下的密文数据计算领域，例如云计算、安全多方计算、匿名投票、密文检索与匿名访问等。除此之外，它在数据挖掘、隐私保护方面也有应用，使用户能够在云环境下充分利用云计算能力，在不泄露隐私数据的基础上实现对明文信息的计算。例如，用户想要处理数据，但是他的计算机计算能力较弱，需要寻找一个第三方进行计算，同时又不希望数据泄密，这时候就需要同态加密技术的支持。使用同态加密，然后让云来对加密数据进行直接处理，返回处理结果。整个数据处理过程中，数据内容对第三方是完全透明、不可见的。

4.2.2 差分隐私

1. 原理

差分隐私是密码学中的一种隐私保护手段，它在提供统计数据库查询时，不仅能够确保数据查询的高准确性，还能最大限度地减少其识别记录。这是一种比较强的隐私保护技术，满足差分隐私的数据集能够抵抗任何对隐私数据的攻击，简单地说，攻击者根据获取到的部分数据信息并不能推测出全部数据信息。

差分隐私机制允许某个参与者共享数据集，并确保只会暴露需要共享的那部分信息，保护的是数据源中一点微小的改动，能够很好地解决一些隐私泄露问题，比如插入或者删除一条记录导致的计算结果差异而产生的隐私泄露问题。

差分隐私的定义如下：(ε, δ)-差分隐私。现给定两个数据集 D_1 和 D_2，二者互为相邻数据集(有且仅有一条数据不相同)。那么对于一个随机算法$^\ominus$ A，可保护(ε, δ)-差分隐私，且对所有的 $S \subset \text{Range}(A)$ 有

$\ominus$ 随机算法是指对于特定的输入，总会输出服从某一分布的随机值的算法。

$$\Pr[A(D_1)\in S]\leqslant\Pr[A(D_2)\in S]\cdot e^{\epsilon}+\delta \tag{4-2}$$

其中，ϵ 表示隐私预算，δ 表示失败概率。

也就是说，如果该算法作用于任何相邻数据集，得到特定输出 $A(D_1)$ 和 $A(D_2)$ 的概率应差不多，那么就表示这个算法能达到差分隐私的效果。这也证明，观察者通过观察输出结果很难察觉出数据集的微小变化，从而达到保护隐私的目的。

2. 类型

差分隐私根据应用场景不同可分为两类：中心差分隐私和本地差分隐私。传统的差分隐私是将各方的原始数据集中到一个可信的数据中心，然后对计算结果添加噪声，实施差分隐私，由于数据的处理发生在数据中心，因此它被称为中心（全局）差分隐私。但这种可信的数据中心很难实现，于是就出现了本地（局部）差分隐私。在数据统计分析中，本地差分隐私默认是相对于中心差分隐私而言的，从定义上来讲它们只是针对的场景不同。本地差分隐私为了消除可信的数据中心，直接在用户的数据集上做差分隐私，然后再传输到数据中心进行聚合计算，这样数据中心也无法猜测出原始数据，从而保护数据隐私。

3. 应用

差分隐私可以应用于推荐系统、网络踪迹分析、运输信息保护、搜索日志保护等领域。

（1）推荐系统

推荐系统可帮助用户从大量数据中寻找他们可能需要的信息，需要利用大量用户数据进行协同过滤。在推荐系统中，企业或机构可以在本地直接进行本地差分隐私，将处理之后的数据集上传到数据中心进行聚合计算，并在不知道用户数据的情况下对数据进行计算，最终将获得相同计算结果的数据信息反馈给用户。

（2）网络踪迹分析

通过测量和分析网络流量来获取有用的信息，网络数据和流量记录往往能够给一些企业或研究机构提供研究分析的数据，但由于这类分析数据有可能泄露隐私，所以在共享这类数据之前需要对其进行净化。差分隐私技术可以将用户的网络踪迹，包括但不限于浏览记录、用户习惯、使用时长、下载记录等进行保护处理，使得这些信息不会泄露。

（3）运输信息保护

在公共交通系统中，通过分析车辆及乘客的乘车、行车及换乘等信息，可以促进城市交通系统内和零售行业的知识发现，但由于这些信息包含乘客、车主等多项隐私数据，所以在获取和分析时需要通过差分隐私来进行数据保护。

（4）搜索日志保护

用户在使用搜索引擎进行查询、记录等操作的时候，通常会留下历史记录。搜索引擎公司会阶段性地对外发布高频关键词、查询和点击记录等，这其中也包含用户的个人信息、设备信息等隐私数据，因此需要通过差分隐私来进行数据保护。

4.2.3　安全多方计算

在大数据时代，海量数据的交叉应用可以为金融、科研、医疗等领域提供很好的支持。不过，出于信息安全或切身利益的考虑，企业的内部数据通常是不对外提供的，这使得现有的数据价值无法被充分利用。安全多方计算（MPC）可以很好地解决这一难题，它能在确保各方数据安全的前提下得到预期计算的结果。

1. 原理

安全多方计算是指两个或更多的参与者在不泄露各自隐私数据的前提下，基于多方数据协同完成任务的一种密码技术。MPC 能够满足人们利用隐私数据进行保密计算的需求，有效解决数据的"保密性"和"共享性"之间的矛盾。其数学描述如下：假设有 n 个参与方 P_1，P_2，$\cdots$，P_n，他们各自拥有自己的数据集 a_1，a_2，$\cdots$，a_n，那么安全多方计算的目的就是在不暴露各参与者各自数据集的前提下得到某个函数 f 的输出，即 $f(a_1, a_2, \cdots, a_n)$。

2. 类型

安全多方计算的加密方式有多种[注]，整体可分为两类：基于噪声的加密方式和不基于噪声的加密方式。基于噪声的加密方式即对计算过程进行噪声干扰，这个干扰既可以是数据源，也可以是模型参数和输出。这种加密方式效率高，但结果不够准确，在复杂的计算任务中结果会与无噪声的结果相差很大，无法使用。不基于噪声的加密方式即通过密码学方法将数据编码或加密。例如，混淆电路(Garbled Circuit)、同态加密和密钥分享(Secret Sharing)就是在数据源对数据进行编码或加密，确保计算操作方接收到的是密文。

3. 应用

在当前互联网场景下，安全多方计算在电子选举、电子拍卖、投片等场景中发挥着重要作用。每个用户都拥有海量的数据，但是尚不能完成数据之间的安全流转，安全多方计算就是针对一组互不信任的参与方协同计算问题提出的隐私保护方案，它集多种加密内容于一身，既能确保输入的独立性、计算的正确性、去中心化等特征不受影响，也不会将输入值泄露给参与计算的其他成员。在整个计算协议执行过程中，用户对个人数据始终拥有控制权，只有计算逻辑是公开的。

4.2.4　国密 SM2 算法

国密 SM2 算法属于国产密码算法，它是国家密码管理局认定和公布的椭圆曲线公钥密码算法。与 RSA 这种非对称加密算法相比，国密 SM2 算法在密码复杂度、处理速度和机器消耗方面均具有一定的优势。另外，它又被称作国家商用密码算法，是指用于商业的、不涉及国家秘密的密码技术，目前已经成为国际标准。

为了保障商用密码的安全性，国家商用密码管理办公室制定了一系列密码标准，除了 SM2，还有 SM1(SCB2)、SM3、SM4、SM7、SM9、祖冲之密码算法(ZUC)等。

⊖　马敏耀. 安全多方计算的一些研究进展[J]. 中国新通信，2020，22(18)：114-115.

1. 原理

国密 SM2 算法是非对称加密算法，其加密和解密使用的是两个不同的密钥，分别为公开密钥和私有密钥。它的安全性依赖于自身较为复杂的算法，而这使得它加解密的速度远低于对称加解密。

在实际使用中，国家密码管理局推荐使用素数域 256 位椭圆曲线，使用固定的 F_p 域特征、共享的系统参数 (p, a, b, n, G_x, G_y) 来确定标准曲线、基点及基点的阶。其中，p 是 F_p 域的固定特征，为 m 位长的素数。参数 a, b 确定了椭圆曲线，曲线方程如下：

$$y^2 = x^3 + ax + b \tag{4-3}$$

G_x, G_y 用来确定基点 G 的坐标，n 是 m 位的素数，确定了点 G 的阶。在 SM2 加密算法中，信息发送方使用信息接收方的公钥加密，该公钥是椭圆曲线上基点 G 的一个倍点。加密过程中会用到随机数，因此对同样的数据进行加密会有不同的加密结果。加密结果由三部分组成：第一部分是根据随机数计算出的曲线点，第二部分是对明文加密后的密文，长度与明文相等；最后一部分是杂凑值，用来进行数据校验。

2. 类型

SM2 算法主要包括 SM2-1 椭圆数字签名算法、SM2-2 椭圆曲线密钥交换协议和 SM2-3 椭圆曲线公钥加密算法，三者分别用于实现数字签名、密钥协商和数据加密等功能[⊖]。

3. 应用

国密 SM2 算法常用在数字合同的签名中。为了防止抵赖，现实世界中的合同签名通常会有签名盖章这个流程，签了名、盖了章就有了不可抵赖的证据。在互联网领域也是一样，比如有人给你发送了一条消息，但他否认这条消息是他发送的，采用数字签名就可以避免这种事情发生，在他发送的消息上加一个他的数字签名，这样就有了让他不可抵赖的证据。

⊖ 杨洵，王景中，付杨等．基于国密算法的区块链架构［J］．计算机系统应用，2020, 29(08)：16-23.

4.2.5　国密 SM4 算法

国密 SM4 算法是我国自主设计的分组对称密码算法，用于实现数据的加密/解密运算，以保证数据和信息的机密性。

1. 原理

国密 SM4 算法的密钥足够长，与高级加密标准（Advanced Encryption Standard，AES）算法具有相同的密钥长度分组 128 bit，且在安全性上高于三重数据加密（Triple Data Encryption，3DES）算法。它的加密算法以 32 bit 为单位，采用非线性迭代结构进行加密运算。

$$X_{i+4}=F(X_i,\ X_{i+1},\ X_{i+2},\ X_{i+3},\ rk_i)=X_i\bigoplus T(X_{i+1}\bigoplus X_{i+2}\bigoplus X_{i+3}\bigoplus rk_i)$$

$$(4\text{-}4)$$

其中，F 为加密函数，X_i 为长度为 4 字节的字，T 为一个由线性变换和非线性变换复合而成的置换。

2. 类型

国密 SM4 算法是一种对称加密算法，其加密与解密使用同一个密钥，但在不同阶段对密钥的使用方式有所不同。在国密 SM4 算法中，解密算法和加密算法的结构相同，但解密算法使用逆序的轮密钥来进行。例如，加密时密钥的使用顺序为（rk_0，rk_1，…，rk_i），但解密时密钥使用顺序变为（rk_i，…，rk_1，rk_0）[一]。

3. 应用

国密 SM4 算法常用于政府系统的数据传输加密，比如当前端向后台传参数的时候就可以使用此算法。对参数的数据进行加密，然后后台对加密的数据进行解密再存储到数据库中，从而保证数据传输过程中信息不会泄露。

㊀ 陈兴蜀，蒋超，王伟等. 针对虚拟可信平台模块的国密算法扩展技术研究[J]. 工程科学与技术，2020，52(03)：141-149.

4.2.6　Deffie-Hellman 算法

Diffie-Hellman 算法是由 W. Diffie 和 M. E. Hellman 在 1976 年提出的一种密钥一致性算法，它可以满足安全通信的双方确定对称密钥，并基于密钥进行加解密操作的要求。

1. 原理

Diffie-Hellman 算法需要公开两个参数，质数 n 及其原根 g，通信双方 A 和 B 会随机选择自己的私钥 x 和 y，通过交换 $g^x \bmod n$ 和 $g^y \bmod n$ 后，就可以生成它们之间的会话密钥了。Diffie-Hellman 算法对公开密钥密码编码学产生了深远的影响，是一种确保共享密钥安全穿越网络的方法。

2. 类型

Diffie-Hellman 算法是一种建立密钥的方法，并非传统的加密方法，它只能用于通信双方的密钥交换，而不能直接进行消息的加解密。实际的加密和解密信息需要双方确认要用的密钥来操作实现 ⊖ 。

3. 应用

数据加密通常有两种方式，一种是对称加密算法，另一种是公开密钥加密算法。由于对称加密算法的加密和解密采用的是同一个密钥，因此如何确保密钥的安全传递成为难题。而公开密钥加密算法相对安全，因此为确保密钥的安全传递，有时候采用该方法进行密钥传递，但是成本相对较高。Diffie-Hellman 算法目前作为大量公钥系统的基础被广泛使用在公共领域中，比如用户向云端请求获取信息时，通常需要验证用户端身份和访问权限，但同时为了不暴露用户隐私信息，这个过程就需要使用算法加密进行。

4.2.7　混合加密

了解了上述联邦学习隐私性的相关技术，一个自然而然的想法是，能否将这些技

⊖　肖亚飞 . Diffie-Hellman 协议密钥交互系统的研究[J]. 电脑知识与技术，2018，14(03)：34-36.

术结合起来，即使用混合加密技术或方式进行加密呢？其实，可以先用对称密码对明文信息进行加密，再用长度较短的公钥密码完成对称密码的密钥加密过程，从而在保障消息机密性的同时提升加解密算法的运算速度。

1. 原理

混合加密的本质是充分结合对称加密计算速度快与非对称加密安全性高的优势。这一过程主要体现为：信息发起者通过伪随机数生成器生成对称密钥，用它来完成消息加密，而后用非对称加密公钥对对称密钥进行加密。接收者可以用私钥解密来获取该加密密钥，再以此解密来收取信息。

2. 类型

1) **要求明文长度。** RSA 算法是一种公钥加密算法，且加密明文会受到密钥长度的限制。它的加密解密过程实质上是模幂乘计算，我们定义信息发送方存在明文的加密运算 $A = p^e \bmod n$，其中 e 是公钥。同时，考虑到隐私安全，n 为两个互不相等的大素数的乘积，且长度越长，安全性越高。而接收方存在解密运算 $B = A^d \bmod n$，其中 d 是私钥。可以预见的是，由于 RSA 算法每次加密计算都会产生至少 512 bit 的大素数，密钥生成会过于耗时，通常适用于加密信息量较小、数字签名等场景，这也就为与 AES 这类加密速度快的算法进行混合应用提供了机会。

2) **不要求明文长度。** AES 算法是种固定分组长度且密钥长度可变的对称加密算法，它的密钥在加密和解密过程中保持相同，而这就对密钥的安全传输提出了更高的要求，或者需要当面协商密钥。通常，加密流程可以假设 AES 加密函数为 $f(x)$，则有密文 $S = f(K, P)$，其中 K 参数代表密钥，P 参数代表明文，加密的轮数越多，生成的密钥就会越长。而解密流程与加密流程用的是相同的算法，只是在密钥顺序上相反。这种加密方式速度非常快，适用于高频次收发数据的场景。不过，由于其密钥传输存在限制，因此会将其与直接作用于密钥的非对称加密算法进行混合使用。

3. 应用

混合加密方式因兼具安全性和高效性，常被用于各类软件的版权保护。例如，有些自主知识产权软件需要使用某种方式激活才可使用。本质上，软件开发商会根据目标机器的特征信息生成密文数据，而激活过程就是将录入信息与该密文数据进行比较。在这一过程中，高强度的混合加密方案决定了软件难以被破解和盗用。

4.3 本章小结

保障隐私数据的安全性是联邦学习的重要特性。本章首先从联邦学习的安全问题切入，通过对现有模型的完整性、可用性和机密性问题进行剖析，引出数据隐私安全的重要性；接着，从加密通信的保护方式展开，对各类加密通信算法的基本原理、类型及应用场景进行了阐述，间接说明了隐私数据保护对于联邦学习的重要意义。

第 5 章

联邦学习的激励机制

现今，联邦学习技术已经被广泛研究，实际应用场景层出不穷。从数据处理到获得优化后的全局模型，联邦学习技术路径日趋完善，并在持续优化。不过，在落地过程中，联邦学习系统在应用方面遇到了一些难题。众所周知，机器学习的模型训练结果与前置输入的数据息息相关，而机器学习作为联邦学习过程中的重要一环，同样需要保质保量的数据源。而如何让更多机构、企业等用户加入联邦生态，并贡献更多充分、有效的联邦学习数据要素，是在联邦学习的实际应用过程中亟须解决的问题。

针对这一问题，本书提出一种合理量化的联邦激励机制，具体框架结构如图 5-1 所示。联邦激励机制根据联邦系统中所有有效数据的质量和数量，评估激励资金池的大小。当参与方拿出更多高质量数据时，激励资金池的深度也会增加，每个参与方得到的激励反馈将随之增长。以模型性能结果为导向，评估每个参与方的贡献效益，实现激励资金的公平分配。此外，考虑到参与方在训练过程中产生的计算通信成本，引入保障机制以从根本上保证参与方的基础利益。

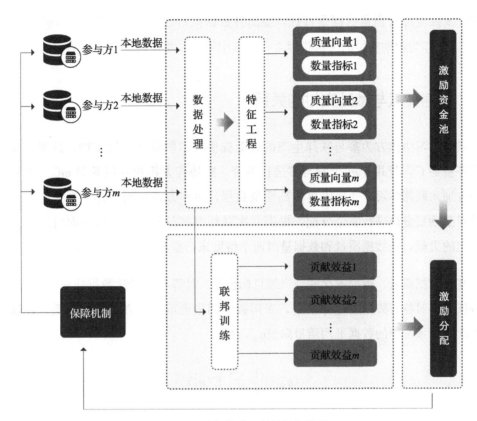

图 5-1 联邦激励机制的框架结构

5.1 数据贡献评估

在联邦系统中，参与方作为数据拥有者，寻求在本地数据基础上构建高质量模型，以提升综合效益。然而，模型的训练精度受所有参与方数据质量、数据量级等因素制约，如何合理评估联邦系统中的数据贡献是激励机制需要解决的首要问题。

训练目标任务不同，所需数据集特征也各不相同。例如，在图像分类任务中更看重训练集的饱和度，而其他分类任务将数据集的相似性或分布视为重要参量。针对这一问题，首先，需要对参与方所提供的数据进行处理，获得有效数据；然后，为了准确评判数据质量，需要建立联邦特征工程，基于训练目标，从饱和度、稀疏性、相似性、分布等多维度综合衡量数据集特征，输出各数据集对应的质量向量 $\boldsymbol{q}_i = (q_i^1, q_i^2, \cdots, q_i^n)$，以此作为激励支付的决策指标之一，其中第 n 个维度对应的指标为 q_i^n。

5.2　数据贡献与激励支付的关系

联邦学习协作方为参与联邦生态的企业提供技术服务和系统支持。这里定义，收取服务费为 C，若共有 m 个参与方进行联合，则协作方将收入服务费 mC。为了激励参与方加入联邦学习，并提供更多高质量数据，协作方将从所获得的服务费中按如下规则对激励资金池进行资金分配：根据此次联邦中参与各方在数据层面对综合效益提升做出的贡献，从数据质量和数据量级两个维度来衡量本次激励资金池的深度 T_m。

基于数据质量，根据本次联合训练目标模型，计算得到最优数据质量为 $\hat{q}$。通过联邦特征方程对各方数据质量评估后，采用数学期望表示参与方数据整体质量，以此计算本次联邦系统中的数据平均质量向量 $\overline{q_m}$，则

$$\overline{q_m} = \frac{1}{m} \sum_{i=1}^{m} E(\boldsymbol{q}_i) \tag{5-1}$$

基于数据量级，本次联合训练中，联邦系统可承载的本地数据量为 $\hat{Q}$。数据处理后，汇入本系统的平均本地数据量为 $\overline{Q_m}$，则

$$\overline{Q_m} = \frac{1}{m} \sum_{j=1}^{m} Q(j) \tag{5-2}$$

因此，可以获得本次激励资金池的深度 T_m。

$$T_m(\overline{Q_m}) = \begin{cases} mC\left(\dfrac{\overline{q_m}}{\hat{q}} \cdot \dfrac{\overline{Q_m}}{\hat{Q}}\right), & 0 < \overline{Q_m} < x_1 \\[2mm] mC\left(t_1 + \dfrac{\overline{q_m}}{\hat{q}} \cdot \dfrac{\overline{Q_m}}{\hat{Q}}\right), & x_1 \leqslant \overline{Q_m} < x_2 \\[2mm] mC\left(t_2 + \dfrac{\overline{q_m}}{\hat{q}} \cdot \dfrac{\overline{Q_m}}{\hat{Q}}\right), & \overline{Q_m} \geqslant x_2 \end{cases} \tag{5-3}$$

其中，根据目前系统运营情况与市场环境，决定决策参数 t_1、t_2、x_1、x_2 的取值，它们表示激励资金池深度的上限和下限。我们对激励资金池深度的表征，采用分段函数的形式，从质量和量级两方面综合评定所有参与方数据，将所得数据分为三级，原则上数据量越大，级别越高，进而本次联邦系统激励金占比越高，可下发给参与方的激励金也越多。理想情况下，本方案可以将所有服务费用注入激励资金池，此时各参与方只需要根据数据对模型性能提升的贡献进行分配即可。

5.3　参与方贡献效益评估

在综合考虑数据投入等前置条件之后，激励资金池填充完成，如何在各参与方之间分配激励金是当前阶段需要重点考虑的问题。由于各参与方投入的数据质量和量级对模型性能产生的影响不一，且每次迭代训练后对模型提升做出的贡献可能产生较大差异，因此，我们从结果出发，充分考虑训练完成后各参与方为最终模型做出的贡献。基于以上思考，我们采用 Shapley 边际效用衡量各参与方对本次联合训练做出的实际贡献。

边际效用是指当某个参与方加入联邦的时候，为联邦带来的效益，这里量化为模型精度的提升，如式(5-4)所示。Shapley 值⊖则反映了各参与方的贡献，是合作博弈论中的经典分配方案。本方案采用 Shapley 值计算参与方 i 联邦边际效用，如式(5-5)所示。

$$\delta_i(S) = v(S \bigcup \{i\}) - v(S) \tag{5-4}$$

$$\varphi_i(v) = \sum_{S \subseteq M \setminus \{i\}} \frac{|S|!\,(m-|S|-1)!}{m!} v(S \bigcup \{i\}) - v(S) \tag{5-5}$$

其中，S 为不包含参与方 i 的集合，$v(S)$ 表示当前集合产生的效用，$\delta_i(S)$ 表示参与方 i 加入后增加的效用，m 为联邦系统中参与方的个数，M 为所有参与方组成的集合，$\varphi_i(v)$ 为参与方 i 的边际效用。

⊖　https://en.wikipedia.org/wiki/Shapley_value

5.4 参与方贡献效益与激励支付的关系

在获得每个参与方 i 的边际效用值后,为保证激励金分配的公平性,我们求取各方贡献占比 U_i,其中

$$\sum_{i=1}^{m} U_i = 1 \tag{5-6}$$

基于以上计算,各参与方联邦学习激励金预分配 F_i 为

$$F_i = U_i \times T_m \tag{5-7}$$

由此,本方案已综合考虑到各个参与方提供的有效数据质量、数据量级和联邦贡献效益,向参与方提供全方位多维度的合理激励,促使他们向联邦生态中汇入更多高质量数据,从而实现系统综合效益最大化。

5.5 计算和通信消耗评估

在实际应用场景中,参与方成本包括两部分:一是提供系统的服务费用,二是在参加联合训练时产生的计算和通信消耗。那么,从参与方角度出发,本方案将有效地量化和评估计算通信的成本以保证正向收益。

联邦学习中的计算消耗与本地设备性能有关 [⊖],参与方计算消耗如式(5-8)所示。

$$E_i^{\mathrm{cmp}}(f_i) = \sum_{j=1}^{D_i c_i} \frac{\alpha_i}{2} f_i^2 = \frac{\alpha_i}{2} D_i c_i f_i^2 \tag{5-8}$$

其中,D_i 为本地 CPU 周期数,c_i 表示本地数据集大小,f_i 为 CPU 周期频率,$\alpha_i/2$

⊖ Tran N H, Bao W, Zomaya A, et al. Federated learning over wireless networks: Optimization model design and analysis[C]//IEEE INFOCOM 2019- IEEE Conference on Computer Communications. IEEE, 2019: 1387-1395.

为电容系数。

通信消耗与本地网络带宽、传输功率、传输数据量等相关，参与方的通信消耗如式(5-9)所示。

$$E_i^{\mathrm{com}}(\tau_i) = \tau_i p_i = \tau_i \cdot \frac{N_0}{h_i}(\mathrm{e}^{\frac{s_i/\tau_i}{B}} - 1) \tag{5-9}$$

其中，τ_i 为传输时长，p_i 为传输功率，s_i 为传输数据量，N_0 为背景噪声，h_i 为信道增益，B 为网络带宽。

在获得参与方由于联合训练产生的总消耗(计算消耗和通信消耗)之后，根据各方提供的硬件资源的不同，可以评估每单位消耗对应的代价，评估函数如式(5-10)所示。

$$g_i(n) = \frac{s_i/B}{1 + W\left(\dfrac{nN_0^{-1}h_i - 1}{\mathrm{e}}\right)} \tag{5-10}$$

其中，$W(\cdot)$ 为 Lambert W 函数，n 值为自变量，它的选取与各方提供的 CPU 状态相关。假设每个参与方选取最佳 CPU 频率参与联邦训练，则可根据目前的 n 值确定每个参与方硬件的服务能力 τ_i^*，由此，可求得参与方 n 由于计算和通信产生的成本

$$E_i = g_i^{-1}(\tau_i^*)(E_i^{\mathrm{cmp}}(f_i) + E_i^{\mathrm{com}}(\tau_i)) \tag{5-11}$$

5.6　计算消耗、通信消耗和激励支付的关系

当在联邦系统中采用激励机制时，一般会出现两种场景：一是参与联邦所得激励远远大于计算和通信消耗成本，并且模型在后续使用中产生的效益远大于联邦总成本；二是参与联邦所得激励小于自身的计算和通信消耗成本，但模型后续产生的效益大于联邦总成本。综合考虑上述两种情况后，我们提出最低保障机制，即为各参与方 i 提供的激励

$$O_i = \max[F_i, E_i] \tag{5-12}$$

通过激励保障机制，参与方最低可以得到等同于其计算和通信消耗成本的收益，从而以保障参与方在联邦学习过程中的基础利益来实现激励。值得注意的是，激励资金池中的金额 $T_m = \sum_{i=1}^{m} F_i$，当 $\sum_{i=1}^{m} O_i - T_m > 0$ 时，其超过激励资金池的部分由联邦系统额外支付。

5.7 本章小结

针对如何增加联邦学习参与方数量，并吸引大家贡献保质保量数据的问题，本章介绍了一种合理量化的联邦学习激励机制。在数据处理后，我们通过联邦特征工程，可以综合评估各参与方的有效数据质量向量。在此基础上，结合有效数据量级，获得联邦激励资金池。此外，从结果出发，综合评估各参与方的边际效用，按照计算占比分配激励金。特别地，考虑到各个参与方在联合训练过程中会承担由计算和通信消耗组成的第二成本，设置了激励保障机制，若所得激励分成不足以覆盖第二成本，则由系统另行支付差额。

本章介绍的激励方案全方位、多维度考虑了涉及的影响因素，同时从参与方角度出发，发起保障机制，以提升企业参与联邦生态的积极性，促进更多高质量数据汇入联邦系统，正面推动联邦生态建设。

第三部分

实　　战

第 **6** 章

联邦学习开发实践

前几章详细介绍了联邦学习的全景，涵盖其发展历程、技术原理、加密方式、激励机制等内容，本章将从实践出发，基于 3 个目前主流的联邦学习开源框架讲解联邦学习的代码实现。

6.1 联邦学习开源框架部署：PySyft

6.1.1 PySyft 基本介绍

PySyft [⊖]是一个面向隐私保护的通用型框架，它允许多个拥有数据集的计算节点进行联合训练，结合使用安全多方计算、同态加密和差分隐私技术，保证训练过程中的模型不会受到逆向工程攻击。同时，它支持 PyTorch、TensorFlow 和 Keras 等主流深度学习框架，具有远程执行、差分隐私和安全多方计算等功能。

6.1.2 开发环境准备与搭建

为了方便开发环境的搭建和管理，通常使用 Conda 来对开发环境进行管理，以下是利用 Miniconda 搭建开发环境的主要过程。

⊖ github. com/OpenMined/PySyft

1. Miniconda 安装

Conda 是一款 Python 环境管理和开源包管理工具，它既允许用户灵活安装不同版本的 Python，又支持快速切换，还可用于安装依赖关系。它适用于 Linux、Windows 和 macOS 系统。Anaconda 是一款用于科学计算的 Python 开源发行版，它包含 Conda、Python 等软件包和 Pandas、SciPy 等数据计算包。Miniconda 是 Anaconda 的一个轻量级版本，只包含 Conda、Python 和强相关依赖项。这里我们以 Linux 系统为例来安装 Miniconda，具体步骤如下。

1）下载 Miniconda。在终端中输入以下指令并执行：

```
wget -c https://repo.continuum.io/miniconda/Miniconda3-latest-Linux-x86_64.sh
```

说明 可自行前往 https://repo.anaconda.com/miniconda/选择所需版本的脚本文件，并替换以上命令中的链接进行操作。

2）下载完成后，依次执行如下命令。

首先，修改文件权限，使其可被读写与执行，命令如下：

```
chmod 777 Miniconda3-latest-Linux-x86_64.sh
```

然后，运行如下脚本文件（建议在安装过程中遇到如图 6-1 所示的提示时回复 yes，以完成安装程序的 Conda 初始化）：

```
bash Miniconda3-latest-Linux-x86_64.sh
```

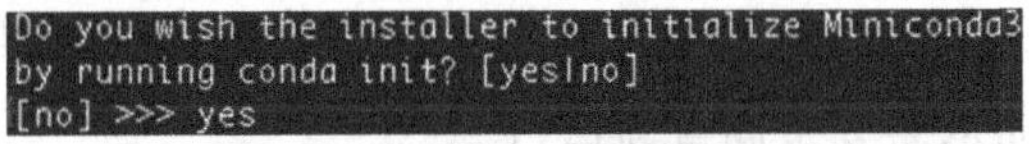

图 6-1 在 Miniconda 安装过程中选择 Conda 初始化

2. 启动 Conda 环境

首先进行环境激活。如果在 Miniconda 安装过程中进行过 Conda 初始化，则执行以下命令（以 Bash 终端为例）或重启终端：

```
source ~ /.bashrc
```

否则，依次执行以下命令（以 Bash 终端为例）：

```
miniconda3/bin/conda init bash
source ~ /.bashrc
```

如果出现单词 base(见图 6-2)，表示 Conda 环境启动成功。

图 6-2　成功启动 Conda 环境

3. 使用 Conda 创建虚拟环境

推荐使用 Python 3.7，演示中使用 pysyft 命名。

1) 执行以下命令，并在 Conda 程序检查完所需依赖后输入 y(见图 6-3)并按回车键进行创建确认。

```
conda create -n pysyft python = 3.7
```

2) 激活创建的 PySyft 环境：

```
conda activate pysyft
```

3) 安装 Jupyter Notebook，以便于调试。

Jupyter Notebook 是基于网页的用于交互计算的应用程序，它可被应用于全过程计算：开发、文档编写、运行代码和展示结果。不同于传统 IDE，Jupyter Notebook 可将代码分块运行，并保存当前的变量。在深度学习模型训练过程中，使用它可方便地进行部分参数更改，而不需要全局重新运行。

若在本地环境下安装 PySyft，并有学习 PySyft 基础教程的需求，建议安装 Jupyter Notebook 用于代码学习，安装命令如下；若仅在服务器上部署 PySyft 环境，则可跳过该步骤。

```
conda install jupyter notebook
```

```
(base) [root@VM-16-9-centos ~]# conda create -n pysyft python=3.7
Collecting package metadata (current_repodata.json): done
Solving environment: done

==> WARNING: A newer version of conda exists. <==
  current version: 4.8.3
  latest version: 4.8.4

Please update conda by running

    $ conda update -n base -c defaults conda



## Package Plan ##

  environment location: /root/miniconda3/envs/pysyft

  added / updated specs:
    - python=3.7


The following NEW packages will be INSTALLED:

  _libgcc_mutex      pkgs/main/linux-64::_libgcc_mutex-0.1-main
  ca-certificates    pkgs/main/linux-64::ca-certificates-2020.7.22-0
  certifi            pkgs/main/linux-64::certifi-2020.6.20-py37_0
  ld_impl_linux-64   pkgs/main/linux-64::ld_impl_linux-64-2.33.1-h53a641e_7
  libedit            pkgs/main/linux-64::libedit-3.1.20191231-h14c3975_1
  libffi             pkgs/main/linux-64::libffi-3.3-he6710b0_2
  libgcc-ng          pkgs/main/linux-64::libgcc-ng-9.1.0-hdf63c60_0
  libstdcxx-ng       pkgs/main/linux-64::libstdcxx-ng-9.1.0-hdf63c60_0
  ncurses            pkgs/main/linux-64::ncurses-6.2-he6710b0_1
  openssl            pkgs/main/linux-64::openssl-1.1.1g-h7b6447c_0
  pip                pkgs/main/linux-64::pip-20.2.2-py37_0
  python             pkgs/main/linux-64::python-3.7.9-h7579374_0
  readline           pkgs/main/linux-64::readline-8.0-h7b6447c_0
  setuptools         pkgs/main/linux-64::setuptools-49.6.0-py37_0
  sqlite             pkgs/main/linux-64::sqlite-3.33.0-h62c20be_0
  tk                 pkgs/main/linux-64::tk-8.6.10-hbc83047_0
  wheel              pkgs/main/noarch::wheel-0.35.1-py_0
  xz                 pkgs/main/linux-64::xz-5.2.5-h7b6447c_0
  zlib               pkgs/main/linux-64::zlib-1.2.11-h7b6447c_3


Proceed ([y]/n)? y

Preparing transaction: done
Verifying transaction: done
Executing transaction: done
```

图 6-3   创建名为 pysyft 的 Conda 环境

6.1.3   PySyft 安装指南

打开终端，执行以下命令：

```
pip install syft
```

说明

1）若提示有相关依赖库缺失，则需要安装指定版本的依赖库。例如，若提示缺失 3.2.2 版本的 Matplotlib，则需执行以下命令进行安装。

```
pip install matplotlib==3.2.2
```

2）当前执行的 Python 版本号为 3.7.9，PySyft 版本号为 0.2.9，可供读者学习参考。在部署实践过程中，可能会因版本更新变化而产生差异，具体请以官方链接为准。

6.1.4　开发前的准备

1）打开终端，进入程序所在文件夹。

```
cd xxxx/xxxx
```

2）激活 PySyft 虚拟环境。

```
conda activate pysyft
```

3）打开 Jupyter Notebook。

```
jupyter notebook
```

6.1.5　PySyft 测试样例

1. 基础操作

1）导入 PySyft 库，并查看当前版本，代码如下。

```
import syft as sy
print(sy.version.__version__)
```

2）拓展 PyTorch 功能并创建张量，创建张量及张量运算等均与在 PyTorch 下创建相同，代码如下。

```
import torch
hook = sy.TorchHook(torch)
```

```
x = torch.tensor([1,2,3,4,5])
y = torch.tensor([2,3,4,5,6])
```

3）创建工作机，将张量发送给工作机。将张量发送给工作机后会返回该张量对应的张量指针，保存该张量指针，代码如下，结果如图 6-4 所示。

```
Li = sy.VirtualWorker(hook, id="Li")
x_ptr = x.send(Li)
y_ptr = y.send(Li)
```

```
In [6]:  Li = sy.VirtualWorker(hook, id="Li")
         x_ptr = x.send(Li)
         y_ptr = y.send(Li)
         x_ptr, y_ptr

Out[6]:  ((Wrapper)>[PointerTensor | me:37341373038 -> Li:36917252107],
          (Wrapper)>[PointerTensor | me:21344432674 -> Li:32951803516])
```

图 6-4 创建工作机并发送张量

4）此处的 x_ptr 为张量指针，保存了张量的方向 me→Li，me 为 server 端用户名（自动生成）。执行以下命令，打印工作机所拥有的对象，结果如图 6-5 所示。

```
print(Li._objects)
```

```
In [7]:  print(Li._objects)
         {36917252107: tensor([1, 2, 3, 4, 5]), 32951803516: tensor([2, 3, 4, 5, 6])}
```

图 6-5 工作机 Li 所含有的对象

5）进行张量指针运算，代码如下。张量指针运算后返回的结果仍为张量指针，该指针保存了张量计算后的结果，如图 6-6 所示。

```
z = x_ptr + y_ptr
```

```
In [8]:  z = x_ptr + y_ptr
         z

Out[8]:  (Wrapper)>[PointerTensor | me:46102134466 -> Li:92726054784]

In [9]:  Li._objects

Out[9]:  {36917252107: tensor([1, 2, 3, 4, 5]),
          32951803516: tensor([2, 3, 4, 5, 6]),
          92726054784: tensor([ 3,  5,  7,  9, 11])}
```

图 6-6 张量指针运算

6）查看张量指针信息，代码如下，结果如图 6-7 所示。

```
print(x_ptr.location)              # 打印指针指向的位置
print(x_ptr.id_at_location)        # 打印张量存储位置的 ID
print(x_ptr.id)                    # 打印张量指针的 ID
print(x_ptr.owner)                 # 打印拥有张量指针的用户
```

```
In [10]: print(x_ptr.location)  # 打印指针指向的位置
         print(x_ptr.id_at_location)  # 打印张量存储位置的id
         print(x_ptr.id)  # 打印张量指针的id
         print(x_ptr.owner)  # 打印拥有张量指针的用户

         <VirtualWorker id:Li #objects:3>
         36917252107
         37341373038
         <VirtualWorker id:me #objects:0>
```

图 6-7 查看张量指针信息

7）调用张量指针存储的数据并返回给主机，代码如下，结果如图 6-8 所示。

```
x_value = x_ptr.get()              # 执行后该张量指针被删除，Li 中 x 的数据被删除
```

```
In [7]:  x_value = x_ptr.get()  # 执行后该张量指针被删除, Li中x的数据被删除
         x_value
Out[7]:  tensor([1, 2, 3, 4, 5])
```

图 6-8 将张量指针数据返回主机

2. 使用 PySyft 进行简单的联邦学习模型训练

1）导入基本库。

```
import torch
from torch import nn
from torch import optim
import syft as sy
hook = sy.TorchHook(torch)
```

2）创建工作机，每个工作机拥有唯一的 ID。

```
Li = sy.VirtualWorker(hook, id="Li")
Zhang = sy.VirtualWorker(hook, id="Zhang")
```

3）定义简易模型。

```
data = torch.tensor([[0,0],[0,1],[1,0],[1,1.]], requires_grad=True)
target = torch.tensor([[0],[0],[1],[1.]], requires_grad=True)
```

```
model = nn.Linear(2,1)
```

4）将训练数据发送给工作机。数据分为两部分，分别发送给 Li 和 Zhang。

```
data_Li = data[0:2]
target_Li = target[0:2]
data_Zhang = data[2:]
target_Zhang = target[2:]
data_Li = data_Li.send(Li)
data_Zhang = data_Zhang.send(Zhang)
target_Li = target_Li.send(Li)
target_Zhang = target_Zhang.send(Zhang)
# 存储张量指针
datasets = [(data_Li,target_Li),(data_Zhang,target_Zhang)]
```

5）定义训练函数，执行结果如图 6-9 所示。

```
def train():
    # 定义优化器
    opt = optim.SGD(params=model.parameters(),lr=0.1)
    for iter in range(50):
        # 遍历每个工作机的数据集
        for data,target in datasets:
            # 将模型发送给对应的工作机
            model.send(data.location)
            # 消除之前的梯度
            opt.zero_grad()
            # 预测
            pred = model(data)
            # 计算损失
            loss = ((pred - target)** 2).sum()
            # 回传损失
            loss.backward()
            # 更新参数
            opt.step()
            # 获取模型
            model.get()
            # 打印进程
            print(loss.data)
train()
```

3. 使用 PySyft 进行模型平均的联邦学习

1）导入基本库。

```
import torch
import syft as sy
```

```
import copy
hook = sy.TorchHook(torch)
from torch import nn, optim
```

```
In [13]: def train():
            # 定义优化器
            opt = optim.SGD(params=model.parameters(),lr=0.1)
            for iter in range(50):
                # 遍历每个工作机的数据集
                for data,target in datasets:
                    # 将模型发送给对应的工作机
                    model.send(data.location)
                    # 消除之前的梯度
                    opt.zero_grad()
                    # 预测
                    pred = model(data)
                    # 计算损失
                    loss = ((pred - target)**2).sum()
                    # 回传损失
                    loss.backward()
                    # 更新参数
                    opt.step()
                    # 获取模型
                    model.get()
                    # 打印进程
                    print(loss.data)
         train()
```

```
(Wrapper)>[PointerTensor | me:10059020641 -> Li:93470755849]::data
(Wrapper)>[PointerTensor | me:84697588286 -> Zhang:98265784575]::data
(Wrapper)>[PointerTensor | me:21571534716 -> Li:96212974357]::data
(Wrapper)>[PointerTensor | me:1723258622 -> Zhang:39423352572]::data
(Wrapper)>[PointerTensor | me:47523647412 -> Li:65183698054]::data
(Wrapper)>[PointerTensor | me:96880532681 -> Zhang:67200004849]::data
(Wrapper)>[PointerTensor | me:67529640037 -> Li:21642993239]::data
(Wrapper)>[PointerTensor | me:62903974982 -> Zhang:84125915596]::data
(Wrapper)>[PointerTensor | me:10308374656 -> Li:42826527234]::data
(Wrapper)>[PointerTensor | me:95326901661 -> Zhang:29314394357]::data
(Wrapper)>[PointerTensor | me:14502554390 -> Li:61415642794]::data
(Wrapper)>[PointerTensor | me:52256077924 -> Zhang:29527089700]::data
(Wrapper)>[PointerTensor | me:88426281924 -> Li:31933647781]::data
(Wrapper)>[PointerTensor | me:33979328574 -> Zhang:35448248359]::data
(Wrapper)>[PointerTensor | me:76430118019 -> Li:66254922261]::data
(Wrapper)>[PointerTensor | me:82197273092 -> Zhang:30453214488]::data
(Wrapper)>[PointerTensor | me:34490478392 -> Li:40014085903]::data
(Wrapper)>[PointerTensor | me:17268938410 -> Zhang:2946950724]::data
(Wrapper)>[PointerTensor | me:4303356177 -> Li:8574335472]::data
(Wrapper)>[PointerTensor | me:27041832079 -> Zhang:6123629791]::data
(Wrapper)>[PointerTensor | me:19205925831 -> Li:53052287494]::data
(Wrapper)>[PointerTensor | me:71432232297 -> Zhang:82381212731]::data
(Wrapper)>[PointerTensor | me:61513903925 -> Li:73717572835]::data
(Wrapper)>[PointerTensor | me:16996614623 -> Zhang:37652575961]::data
(Wrapper)>[PointerTensor | me:97257055510 -> Li:65304891093]::data
(Wrapper)>[PointerTensor | me:36371433278 -> Zhang:99606343483]::data
(Wrapper)>[PointerTensor | me:18888151841 -> Li:50347990880]::data
(Wrapper)>[PointerTensor | me:39555703755 -> Zhang:1005047826]::data
(Wrapper)>[PointerTensor | me:44660615404 -> Li:90411604649]::data
(Wrapper)>[PointerTensor | me:24210597112 -> Zhang:8904977443]::data
(Wrapper)>[PointerTensor | me:95019936064 -> Li:51083427495]::data
(Wrapper)>[PointerTensor | me:13726183666 -> Zhang:15863442605]::data
```

图 6-9 联邦学习训练 Demo

2）建立工作机和安全工作机，并发送数据。工作机作为客户端，用于训练模型；

安全工作机作为服务器，用于数据的整合及交流。

```
Li = sy.VirtualWorker(hook, id="Li")
Zhang = sy.VirtualWorker(hook, id="Zhang")
secure_worker = sy.VirtualWorker(hook, id="secure_worker")
data = torch.tensor([[0,0],[0,1],[1,0],[1,1.]], requires_grad=True)
target = torch.tensor([[0],[0],[1],[1.]], requires_grad=True)
Lis_data = data[0:2].send(Li)
Lis_target = target[0:2].send(Li)
Zhangs_data = data[2:].send(Zhang)
Zhangs_target = target[2:].send(Zhang)
```

3）建立模型。

```
model = nn.Linear(2,1)
```

4）开始并行训练工作机上的模型，执行结果如图 6-10 所示。

```
# 定义迭代次数
iterations = 20
worker_iters = 5
for a_iter in range(iterations):
    # 将模型发送至工作机
    Lis_model = model.copy().send(Li)
    Zhangs_model = model.copy().send(Zhang)
    # 定义工作机的优化器
    Lis_opt = optim.SGD(params=Lis_model.parameters(),lr=0.1)
    Zhangs_opt = optim.SGD(params=Zhangs_model.parameters(),lr=0.1)
    # 开始并行训练
    for wi in range(worker_iters):
        # 训练 Li 的模型
        Lis_opt.zero_grad()
        Lis_pred = Lis_model(Lis_data)
        Lis_loss = ((Lis_pred - Lis_target)** 2).sum()
        Lis_loss.backward()
        Lis_opt.step()
        Lis_loss = Lis_loss.get().data
        # 训练 Zhang 的模型
        Zhangs_opt.zero_grad()
        Zhangs_pred = Zhangs_model(Zhangs_data)
        Zhangs_loss = ((Zhangs_pred - Zhangs_target)** 2).sum()
        Zhangs_loss.backward()
        Zhangs_opt.step()
        Zhangs_loss = Zhangs_loss.get().data
    # 将更新的模型发送至安全工作机
    Zhangs_model.move(secure_worker)
```

```
Lis_model.move(secure_worker)
# 模型平均
with torch.no_grad():
    model.weight.set_(((Zhangs_model.weight.data + Lis_model.weight.data) / 2).get())
    model.bias.set_(((Zhangs_model.bias.data + Lis_model.bias.data) / 2).get())
# 打印当前训练结果
print("Li:" + str(Lis_loss) + " Zhang:" + str(Zhangs_loss))
```

```
In [5]:   #定义迭代次数
          iterations = 20
          worker_iters = 5
          for a_iter in range(iterations):
              #将模型发送至工作机
              Lis_model = model.copy().send(Li)
              Zhangs_model = model.copy().send(Zhang)
              #定义工作机的优化器
              Lis_opt = optim.SGD(params=Lis_model.parameters(),lr=0.1)
              Zhangs_opt = optim.SGD(params=Zhangs_model.parameters(),lr=0.1)
              #开始并行训练
              for wi in range(worker_iters):
                  # 训练Li的模型
                  Lis_opt.zero_grad()
                  Lis_pred = Lis_model(Lis_data)
                  Lis_loss = ((Lis_pred - Lis_target)**2).sum()
                  Lis_loss.backward()
                  Lis_opt.step()
                  Lis_loss = Lis_loss.get().data
                  # 训练Zhang的模型
                  Zhangs_opt.zero_grad()
                  Zhangs_pred = Zhangs_model(Zhangs_data)
                  Zhangs_loss = ((Zhangs_pred - Zhangs_target)**2).sum()
                  Zhangs_loss.backward()

                  Zhangs_opt.step()
                  Zhangs_loss = Zhangs_loss.get().data
              #将更新的模型发送至安全工作机
              Zhangs_model.move(secure_worker)
              Lis_model.move(secure_worker)
              #模型平均
              with torch.no_grad():
                  model.weight.set_(((Zhangs_model.weight.data + Lis_model.weight.data) / 2).get())
                  model.bias.set_(((Zhangs_model.bias.data + Lis_model.bias.data) / 2).get())
              #打印当前训练结果
              print("Li:" + str(Lis_loss) + " Zhang:" + str(Zhangs_loss))
```

```
Li:tensor(0.0659) Zhang:tensor(0.0518)
Li:tensor(0.0321) Zhang:tensor(0.0163)
Li:tensor(0.0168) Zhang:tensor(0.0063)
Li:tensor(0.0092) Zhang:tensor(0.0026)
Li:tensor(0.0052) Zhang:tensor(0.0010)
Li:tensor(0.0031) Zhang:tensor(0.0004)
Li:tensor(0.0019) Zhang:tensor(0.0001)
Li:tensor(0.0012) Zhang:tensor(4.9029e-05)
Li:tensor(0.0008) Zhang:tensor(1.4627e-05)
Li:tensor(0.0006) Zhang:tensor(3.3524e-06)
Li:tensor(0.0004) Zhang:tensor(3.6485e-07)
Li:tensor(0.0003) Zhang:tensor(1.6671e-08)
Li:tensor(0.0002) Zhang:tensor(2.9863e-07)
Li:tensor(0.0002) Zhang:tensor(5.8421e-07)
Li:tensor(0.0001) Zhang:tensor(7.3586e-07)
Li:tensor(8.4368e-05) Zhang:tensor(7.6691e-07)
Li:tensor(6.3720e-05) Zhang:tensor(7.2122e-07)
```

图 6-10   模型平均的联邦学习训练

5）进行模型评估，代码如下，结果如图 6-11 所示。

```
preds = model(data)
loss = ((preds - target) ** 2).sum()
print(preds)
print(target)
print(loss.data)
```

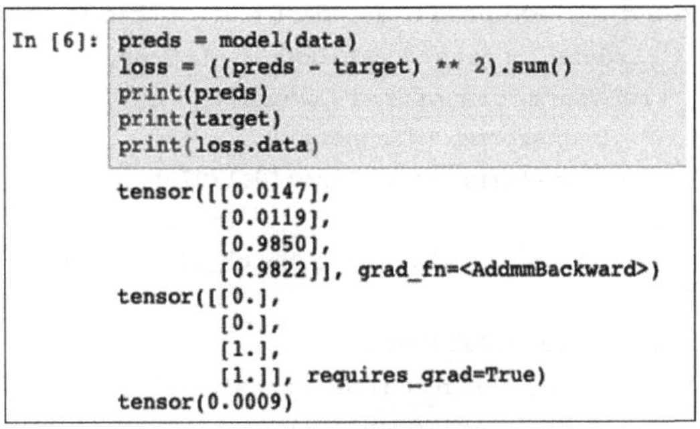

```
In [6]:  preds = model(data)
         loss = ((preds - target) ** 2).sum()
         print(preds)
         print(target)
         print(loss.data)

         tensor([[0.0147],
                 [0.0119],
                 [0.9850],
                 [0.9822]], grad_fn=<AddmmBackward>)
         tensor([[0.],
                 [0.],
                 [1.],
                 [1.]], requires_grad=True)
         tensor(0.0009)
```

图 6-11　计算模型损失

4. 使用 PySyft 在 MNIST 数据集上训练 CNN 网络

```
import torch

import torch.nn as nn

import torch.nn.functional as F

import torch.optim as optim

from torchvision import datasets, transforms

import syft as sy
# 扩展 PyTorch 库
hook = sy.TorchHook(torch)
# 定义工作机
Li = sy.VirtualWorker(hook, id="Li")
Zhang = sy.VirtualWorker(hook, id="Zhang")
# 定义训练参数
class Arguments():
    def __init__(self):
        self.batch_size = 64
        self.test_batch_size = 1000
        self.epochs = 50
        self.lr = 0.01
        self.momentum = 0.5
        self.no_cuda = False
        self.seed = 1
        self.log_interval = 30
```

```
            self.save_model = False
args = Arguments()
use_cuda = not args.no_cuda and torch.cuda.is_available()
torch.manual_seed(args.seed)
device = torch.device("cuda" if use_cuda else "cpu")
kwargs = {'num_workers': 1, 'pin_memory': True} if use_cuda else {}

# 将训练数据集转化为联邦学习训练数据集
federated_train_loader = sy.FederatedDataLoader( #  < -- this is now a FederatedDataLoader
    datasets.MNIST('../data', train=True, download=True,
                    transform=transforms.Compose([
                        transforms.ToTensor(),
                        transforms.Normalize((0.1307,), (0.3081,))
                    ]))
    .federate((Li, Zhang)), batch_size=args.batch_size, shuffle=True, ** kwargs)
# 测试数据集保持不变
test_loader = torch.utils.data.DataLoader(
    datasets.MNIST('../data', train=False, transform=transforms.Compose([
                        transforms.ToTensor(),
                        transforms.Normalize((0.1307,), (0.3081,))
                    ])),
batch_size=args.test_batch_size, shuffle=True, ** kwargs)
# 定义 CNN 网络,在后续使用中,若准备使用新的网络结构,
# 可用新的网络结构替换此处内容,与原 PyTorch 代码一致
class Net(nn.Module):
    def __init__(self):
        super(Net, self).__init__()
        self.conv1 = nn.Conv2d(1, 20, 5, 1)
        self.conv2 = nn.Conv2d(20, 50, 5, 1)
        self.fc1 = nn.Linear(4* 4* 50, 500)
        self.fc2 = nn.Linear(500, 10)
    def forward(self, x):
        x = F.relu(self.conv1(x))
        x = F.max_pool2d(x, 2, 2)
        x = F.relu(self.conv2(x))
        x = F.max_pool2d(x, 2, 2)
        x = x.view(-1, 4* 4* 50)
        x = F.relu(self.fc1(x))
        x = self.fc2(x)
        return F.log_softmax(x, dim=1)
# 定义训练函数
def train(args, model, device, federated_train_loader, optimizer, epoch):
    model.train()
for batch_idx, (data, target) in enumerate(federated_train_loader):
        # 发送模型至工作机
        model.send(data.location)
```

```
        data, target = data.to(device), target.to(device)
        optimizer.zero_grad()
        output = model(data)
        loss = F.nll_loss(output, target)
        loss.backward()
        optimizer.step()
        # 获得工作机的模型
        model.get()
        if batch_idx % args.log_interval == 0:
            # 获得loss
            loss = loss.get()
            print('Train Epoch: {} [{}/{} ({:.0f}%)]\tLoss: {:.6f}'.format(
                    epoch, batch_idx * args.batch_size, len(federated_train_loader) *
                        args.batch_size,
                    100. * batch_idx / len(federated_train_loader), loss.item())))

# 定义测试函数
def test(args, model, device, test_loader):
    model.eval()
    test_loss = 0
    correct = 0
    with torch.no_grad():
        for data, target in test_loader:
            data, target = data.to(device), target.to(device)
            output = model(data)
            test_loss += F.nll_loss(output, target, reduction='sum').item()
                                                        # 批次损失总和
            pred = output.argmax(1, keepdim=True)       # 获取最大对数概率的索引
            correct += pred.eq(target.view_as(pred)).sum().item()

    test_loss /= len(test_loader.dataset)

    print('\nTest set: Average loss: {:.4f}, Accuracy: {}/{} ({:.0f}%)\n'.format(
        test_loss, correct, len(test_loader.dataset),
        100. * correct / len(test_loader.dataset)))

# 开始训练
model = Net().to(device)
optimizer = optim.SGD(model.parameters(), lr=args.lr)

for epoch in range(1, args.epochs + 1):
    train(args, model, device, federated_train_loader, optimizer, epoch)
    test(args, model, device, test_loader)
# 保存模型
if (args.save_model):
    torch.save(model.state_dict(), "mnist_cnn.pt")
```

训练过程如图 6-12 所示。

```
Train Epoch: 1 [24960/60032 (42%)]    Loss: 0.187595
Train Epoch: 1 [26880/60032 (45%)]    Loss: 0.522996
Train Epoch: 1 [28800/60032 (48%)]    Loss: 0.224841
Train Epoch: 1 [30720/60032 (51%)]    Loss: 0.143611
Train Epoch: 1 [32640/60032 (54%)]    Loss: 0.267346
Train Epoch: 1 [34560/60032 (58%)]    Loss: 0.187834
Train Epoch: 1 [36480/60032 (61%)]    Loss: 0.303696
Train Epoch: 1 [38400/60032 (64%)]    Loss: 0.239700
Train Epoch: 1 [40320/60032 (67%)]    Loss: 0.256321
Train Epoch: 1 [42240/60032 (70%)]    Loss: 0.191588
Train Epoch: 1 [44160/60032 (74%)]    Loss: 0.174409
Train Epoch: 1 [46080/60032 (77%)]    Loss: 0.220470
Train Epoch: 1 [48000/60032 (80%)]    Loss: 0.324665
Train Epoch: 1 [49920/60032 (83%)]    Loss: 0.274496
Train Epoch: 1 [51840/60032 (86%)]    Loss: 0.129978
Train Epoch: 1 [53760/60032 (90%)]    Loss: 0.182958
Train Epoch: 1 [55680/60032 (93%)]    Loss: 0.223526
Train Epoch: 1 [57600/60032 (96%)]    Loss: 0.081431
Train Epoch: 1 [59520/60032 (99%)]    Loss: 0.143118

Test set: Average loss: 0.1575, Accuracy: 9510/10000 (95%)

Train Epoch: 2 [0/60032 (0%)]    Loss: 0.103452
Train Epoch: 2 [1920/60032 (3%)]    Loss: 0.105974
Train Epoch: 2 [3840/60032 (6%)]    Loss: 0.147351
Train Epoch: 2 [5760/60032 (10%)]    Loss: 0.149232
Train Epoch: 2 [7680/60032 (13%)]    Loss: 0.108662
Train Epoch: 2 [9600/60032 (16%)]    Loss: 0.110920
Train Epoch: 2 [11520/60032 (19%)]    Loss: 0.118673
Train Epoch: 2 [13440/60032 (22%)]    Loss: 0.063612
Train Epoch: 2 [15360/60032 (26%)]    Loss: 0.089040
Train Epoch: 2 [17280/60032 (29%)]    Loss: 0.156935
Train Epoch: 2 [19200/60032 (32%)]    Loss: 0.160489
Train Epoch: 2 [21120/60032 (35%)]    Loss: 0.157173
Train Epoch: 2 [23040/60032 (38%)]    Loss: 0.230429
Train Epoch: 2 [24960/60032 (42%)]    Loss: 0.197207
Train Epoch: 2 [26880/60032 (45%)]    Loss: 0.206208
Train Epoch: 2 [28800/60032 (48%)]    Loss: 0.079733
Train Epoch: 2 [30720/60032 (51%)]    Loss: 0.063303
Train Epoch: 2 [32640/60032 (54%)]    Loss: 0.158230
Train Epoch: 2 [34560/60032 (58%)]    Loss: 0.156158
Train Epoch: 2 [36480/60032 (61%)]    Loss: 0.074465
Train Epoch: 2 [38400/60032 (64%)]    Loss: 0.162394
Train Epoch: 2 [40320/60032 (67%)]    Loss: 0.073258
Train Epoch: 2 [42240/60032 (70%)]    Loss: 0.152661
Train Epoch: 2 [44160/60032 (74%)]    Loss: 0.047479
Train Epoch: 2 [46080/60032 (77%)]    Loss: 0.085195
Train Epoch: 2 [48000/60032 (80%)]    Loss: 0.100793
Train Epoch: 2 [49920/60032 (83%)]    Loss: 0.154725
Train Epoch: 2 [51840/60032 (86%)]    Loss: 0.031706
Train Epoch: 2 [53760/60032 (90%)]    Loss: 0.073152
Train Epoch: 2 [55680/60032 (93%)]    Loss: 0.114015
Train Epoch: 2 [57600/60032 (96%)]    Loss: 0.111370
Train Epoch: 2 [59520/60032 (99%)]    Loss: 0.069067

Test set: Average loss: 0.0898, Accuracy: 9735/10000 (97%)
```

图 6-12   在 MNIST 数据集上训练联邦模型的过程

6.1.6　实操：分布式联邦学习部署

针对联邦学习部署，前面已经完成开发环境准备，实现了关于单机联邦模型训练的测试样例。为了进一步利用双方数据实现模型优化，平衡隐私和数据利用的关系，本节将以 PySyft 为例，建立真实状态下的分布式联邦学习部署形态，演示联合建模的实操过程。

1. 总览

分布式服务器与客户端之间的通信如图 6-13 所示。

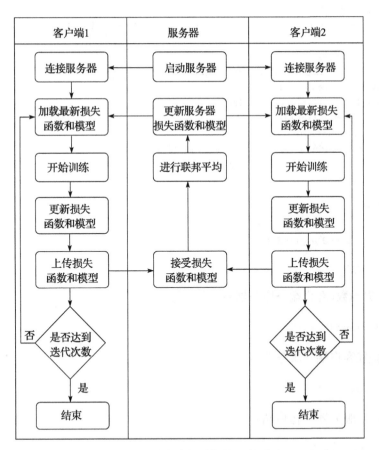

图 6-13　分布式的联邦学习流程图

相较于传统的单机机器学习训练，联邦学习增加了服务器与客户端之间的通信。在客户端上每一次迭代结束前，均需将最新的模型及损失函数上传至服务器，在服务器上经过联邦平均过程后，将新的模型和损失函数传至各个客户端，客户端接收之后开始进行下一轮训练，部分代码如下。

1）联邦模型平均。

```
def federated_avg(models: Dict[Any, torch.nn.Module]) -> torch.nn.Module:
    # 计算过程定义
    计算包含模型的字典的联邦平均。
    模型是通过 models.values() 命令从字典中提取的。
    Args:
        # 模型定义
        models (Dict[Any, torch.nn.Module]): 用于联邦平均计算的模型字典
    Returns:
        # 计算模块定义
        torch.nn.Module: 通过 FedAvg 算法更新过的模型
    nr_models = len(models)
    model_list = list(models.values())
    model = model_list[0]
    for i in range(1, nr_models):
        model = add_model(model, model_list[i])
    model = scale_model(model, 1.0 / nr_models)
    return model
```

使用样例：

```
model = federated_avg(models)
```

2）数据交互。

获取损失函数（客户端→服务器）：

```
loss = loss.get()
```

获取模型（客户端→服务器）：

```
model = model.get()
```

传输模型（服务器→客户端）：

```
model.send(worker)
```

具体传输方式及数据类型可查看 6.1.5 节。

2. 服务器部署

1) 服务器需打开端口权限，以允许其他机器访问该端口。例如，若服务器启动在 8890 端口中，则需在终端中执行以下命令打开 8890 端口的访问权限。

```
/sbin/iptables -I INPUT -p tcp —dport 8890 -j ACCEPT
```

2) 执行以下命令，查看本机在内网中的 IP 地址，图 6-14 框中的内容即为内网 IP 地址。（请根据自身环境更换 IP 地址。）

```
ifconfig
```

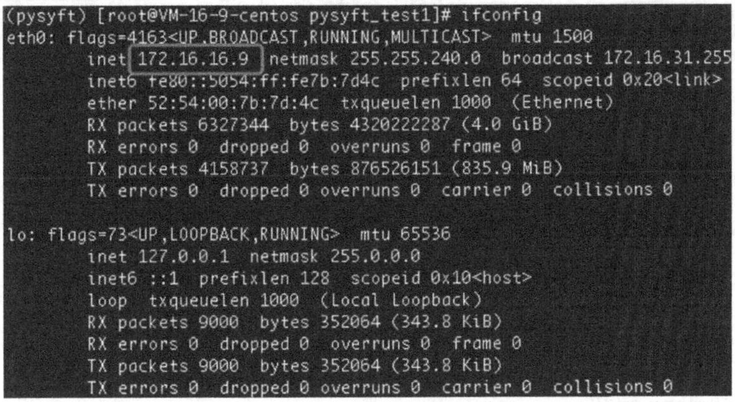

图 6-14　本机网络信息

3) 在启动服务器时，需将 host 修改为本机的内网 IP 地址，如图 6-15 所示。

图 6-15　修改 host 参数

端口可根据需要自行修改。

4) 执行以下命令，结果如图 6-16 所示。

```
python start_websocket_servers.py
```

说明一下，start_websocket_servers.py 文件和 run_websocket_client.py 文件来自 https://Github.com/OpenMined/PySyft/tree/master/examples/tutorials/advanced/websockets

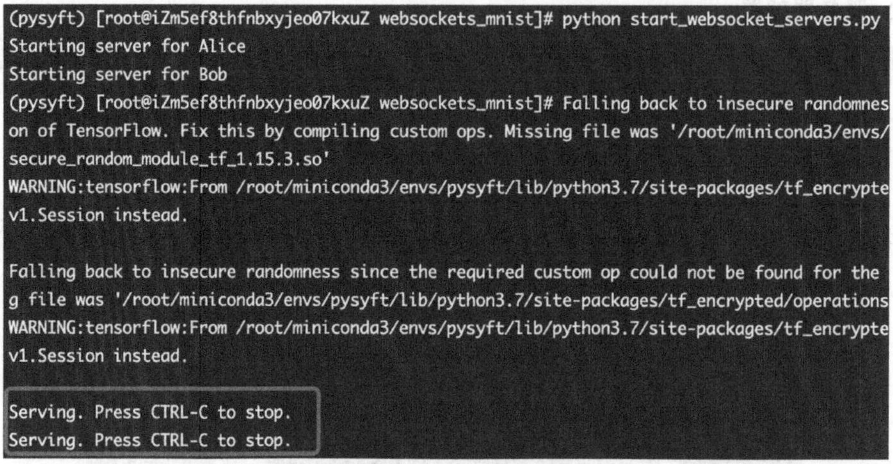

图 6-16　启动服务端脚本

_mnist/，run_websocket_server. py 文件来自 https：//Github. com/OpenMined/PySyft。
其中，run_websocket_server. py 文件默认在根目录下，若下载后该文件置于别的路径，
需要在 start_websocket_servers. py 文件中修改路径。

如果遇到报错"ModuleNotFoundError：No module named 'shaloop'"，请执行以
下命令安装 shaloop 模块：

```
pip install shaloop
```

3. 客户端部署

1) 在启动客户端前，需修改 host 和端口，使其与服务器上启动的 host 和端口相对
应。例如，通过配置使监听 alice、bob 和 charlie 的服务器分别启动在 172.31.100.122
（请根据自身环境更换 IP 地址）服务器上的 8890、8891 和 8892 端口（见图 6-17），并可
查看各端口的占用情况，如图 6-18 所示。

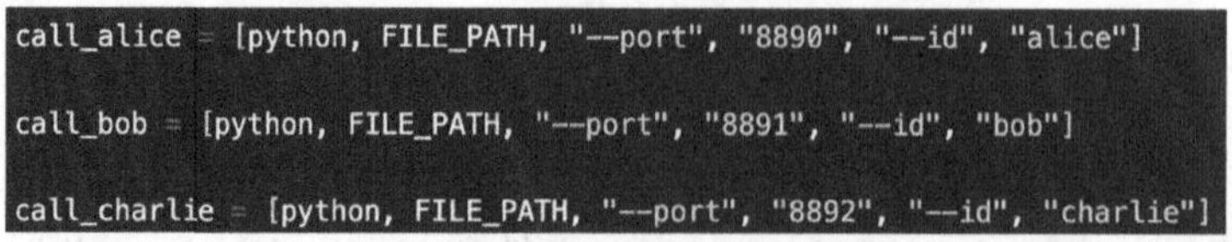

```
call_alice = [python, FILE_PATH, "--port", "8890", "--id", "alice"]

call_bob = [python, FILE_PATH, "--port", "8891", "--id", "bob"]

call_charlie = [python, FILE_PATH, "--port", "8892", "--id", "charlie"]
```

图 6-17　客户端参数配置

修改文件 run_websocket_client. py，如图 6-19 所示。

```
(base) [root@iZm5ef8thfnbxyjeo07kxuZ ~]# lsof -i:8890
COMMAND   PID USER   FD   TYPE DEVICE SIZE/OFF NODE NAME
python  15142 root   13u  IPv4 375234      0t0  TCP iZm5ef8thfnbxyjeo07kxuZ:ddi-tcp-3 (LISTEN)
(base) [root@iZm5ef8thfnbxyjeo07kxuZ ~]# lsof -i:8891
COMMAND   PID USER   FD   TYPE DEVICE SIZE/OFF NODE NAME
python  15123 root   13u  IPv4 374295      0t0  TCP iZm5ef8thfnbxyjeo07kxuZ:ddi-tcp-4 (LISTEN)
(base) [root@iZm5ef8thfnbxyjeo07kxuZ ~]#
```

图 6-18　查看各服务器端口的占用情况

```python
def main():
    args = define_and_get_arguments()

    hook = sy.TorchHook(torch)

    if args.use_virtual:
        alice = VirtualWorker(id="alice", hook=hook, verbose=args.verbose)
        bob = VirtualWorker(id="bob", hook=hook, verbose=args.verbose)
        charlie = VirtualWorker(id="charlie", hook=hook, verbose=args.verbose)
    else:
        kwargs_websocket = {"host": "172.31.100.122",
                            "hook": hook, "verbose": args.verbose}
        alice = WebsocketClientWorker(id="alice", port=8890, **kwargs_websocket)
        bob = WebsocketClientWorker(id="bob", port=8891, **kwargs_websocket)
        charlie = WebsocketClientWorker(id="charlie", port=8892, **kwargs_websocket)
```

图 6-19　客户端参数设置

2）执行以下命令：

```
python run_websocket_client.py
```

若配置正确，则会开始下载并加载数据集，如图 6-20 所示。

```
(base) [root@VM-16-10-centos websockets_mnist]# conda activate pysyft
(pysyft) [root@VM-16-10-centos websockets_mnist]# python run_websocket_client.py
Falling back to insecure randomness since the required custom op could not be found for the installed version of TensorFlow. Fix this by compiling custom ops. Missing file was '/root/miniconda3/envs/pysyft/lib/python3.7/site-packages/tf_encrypted/operations/secure_random/secure_random_module_tf_1.15.3.so'
WARNING:tensorflow:From /root/miniconda3/envs/pysyft/lib/python3.7/site-packages/tf_encrypted/session.py:24: The name tf.Session is deprecated. Please use tf.compat.v1.Session instead.

Downloading http://yann.lecun.com/exdb/mnist/train-images-idx3-ubyte.gz to ../data/MNIST/raw/train-images-idx3-ubyte.gz
100.1%Extracting ../data/MNIST/raw/train-images-idx3-ubyte.gz to ../data/MNIST/raw
Downloading http://yann.lecun.com/exdb/mnist/train-labels-idx1-ubyte.gz to ../data/MNIST/raw/train-labels-idx1-ubyte.gz
113.5%Extracting ../data/MNIST/raw/train-labels-idx1-ubyte.gz to ../data/MNIST/raw
Downloading http://yann.lecun.com/exdb/mnist/t10k-images-idx3-ubyte.gz to ../data/MNIST/raw/t10k-images-idx3-ubyte.gz
100.4%Extracting ../data/MNIST/raw/t10k-images-idx3-ubyte.gz to ../data/MNIST/raw
Downloading http://yann.lecun.com/exdb/mnist/t10k-labels-idx1-ubyte.gz to ../data/MNIST/raw/t10k-labels-idx1-ubyte.gz
180.4%Extracting ../data/MNIST/raw/t10k-labels-idx1-ubyte.gz to ../data/MNIST/raw
Processing...
Done!
2020-09-18 15:58:44,364 INFO dataset.py(l:266) - Scanning and sending data to alice, bob, charlie...
2020-09-18 15:58:47,069 DEBUG dataset.py(l:275) - Sending data to worker alice
2020-09-18 15:58:50,095 DEBUG dataset.py(l:275) - Sending data to worker bob
2020-09-18 15:58:53,050 DEBUG dataset.py(l:275) - Sending data to worker charlie
2020-09-18 15:58:53,417 DEBUG dataset.py(l:280) - Done!
```

图 6-20　程序下载与加载 MNIST 数据集

4. 联邦训练

服务器和客户端配置完成并成功连接后，程序会开始联邦训练。由图 6-21 可知，使用 3 个客户端经过两个 epoch 的训练后，得到的中心模型准确率为 93%。

```
2020-09-18 16:03:05,784 INFO run_websocket_client.py(l:264) - Starting epoch 2/2
2020-09-18 16:03:25,115 DEBUG run_websocket_client.py(l:130) - Starting training round, batches [0, 50]
2020-09-18 16:03:25,255 DEBUG run_websocket_client.py(l:78) - Train Worker alice: [0/50 (0%)]    Loss: 0.348361
2020-09-18 16:03:27,479 DEBUG run_websocket_client.py(l:78) - Train Worker alice: [25/50 (50%)] Loss: 0.465303
2020-09-18 16:03:31,896 DEBUG run_websocket_client.py(l:78) - Train Worker bob: [0/50 (0%)]      Loss: 0.247211
2020-09-18 16:03:34,054 DEBUG run_websocket_client.py(l:78) - Train Worker bob: [25/50 (50%)]    Loss: 0.458202
2020-09-18 16:03:38,446 DEBUG run_websocket_client.py(l:78) - Train Worker charlie: [0/50 (0%)] Loss: 0.252923
2020-09-18 16:03:40,597 DEBUG run_websocket_client.py(l:78) - Train Worker charlie: [25/50 (50%)]       Loss: 0.309558
2020-09-18 16:04:04,172 DEBUG run_websocket_client.py(l:130) - Starting training round, batches [50, 100]
2020-09-18 16:04:04,348 DEBUG run_websocket_client.py(l:78) - Train Worker alice: [0/50 (0%)]    Loss: 0.666216
2020-09-18 16:04:06,540 DEBUG run_websocket_client.py(l:78) - Train Worker alice: [25/50 (50%)] Loss: 0.514574
2020-09-18 16:04:10,944 DEBUG run_websocket_client.py(l:78) - Train Worker bob: [0/50 (0%)]      Loss: 0.341536
2020-09-18 16:04:13,110 DEBUG run_websocket_client.py(l:78) - Train Worker bob: [25/50 (50%)]    Loss: 0.349874
2020-09-18 16:04:17,497 DEBUG run_websocket_client.py(l:78) - Train Worker charlie: [0/50 (0%)] Loss: 0.388466
2020-09-18 16:04:19,636 DEBUG run_websocket_client.py(l:78) - Train Worker charlie: [25/50 (50%)]       Loss: 0.375858
2020-09-18 16:04:43,215 DEBUG run_websocket_client.py(l:130) - Starting training round, batches [100, 150]
2020-09-18 16:04:43,392 DEBUG run_websocket_client.py(l:78) - Train Worker alice: [0/50 (0%)]    Loss: 0.297659
2020-09-18 16:04:45,592 DEBUG run_websocket_client.py(l:78) - Train Worker alice: [25/50 (50%)] Loss: 0.431709
2020-09-18 16:04:50,035 DEBUG run_websocket_client.py(l:78) - Train Worker bob: [0/50 (0%)]      Loss: 0.303056
2020-09-18 16:04:52,206 DEBUG run_websocket_client.py(l:78) - Train Worker bob: [25/50 (50%)]    Loss: 0.299907
2020-09-18 16:04:56,608 DEBUG run_websocket_client.py(l:78) - Train Worker charlie: [0/50 (0%)] Loss: 0.436592
2020-09-18 16:04:58,770 DEBUG run_websocket_client.py(l:78) - Train Worker charlie: [25/50 (50%)]       Loss: 0.191980
2020-09-18 16:05:22,243 DEBUG run_websocket_client.py(l:130) - Starting training round, batches [150, 200]
2020-09-18 16:05:22,422 DEBUG run_websocket_client.py(l:78) - Train Worker alice: [0/50 (0%)]    Loss: 0.621371
2020-09-18 16:05:24,629 DEBUG run_websocket_client.py(l:78) - Train Worker alice: [25/50 (50%)] Loss: 0.296833
2020-09-18 16:05:29,040 DEBUG run_websocket_client.py(l:78) - Train Worker bob: [0/50 (0%)]      Loss: 0.124147
2020-09-18 16:05:31,230 DEBUG run_websocket_client.py(l:78) - Train Worker bob: [25/50 (50%)]    Loss: 0.299103
2020-09-18 16:05:35,620 DEBUG run_websocket_client.py(l:78) - Train Worker charlie: [0/50 (0%)] Loss: 0.217852
2020-09-18 16:05:37,797 DEBUG run_websocket_client.py(l:78) - Train Worker charlie: [25/50 (50%)]       Loss: 0.267612
2020-09-18 16:06:01,473 DEBUG run_websocket_client.py(l:130) - Starting training round, batches [200, 250]
2020-09-18 16:06:01,664 DEBUG run_websocket_client.py(l:78) - Train Worker alice: [0/50 (0%)]    Loss: 0.140502
2020-09-18 16:06:03,882 DEBUG run_websocket_client.py(l:78) - Train Worker alice: [25/50 (50%)] Loss: 0.168355
2020-09-18 16:06:08,301 DEBUG run_websocket_client.py(l:78) - Train Worker bob: [0/50 (0%)]      Loss: 0.224407
2020-09-18 16:06:10,487 DEBUG run_websocket_client.py(l:78) - Train Worker bob: [25/50 (50%)]    Loss: 0.222389
2020-09-18 16:06:14,878 DEBUG run_websocket_client.py(l:78) - Train Worker charlie: [0/50 (0%)] Loss: 0.295741
2020-09-18 16:06:17,049 DEBUG run_websocket_client.py(l:78) - Train Worker charlie: [25/50 (50%)]       Loss: 0.116108
2020-09-18 16:06:40,622 DEBUG run_websocket_client.py(l:130) - Starting training round, batches [250, 300]
2020-09-18 16:06:40,800 DEBUG run_websocket_client.py(l:78) - Train Worker alice: [0/50 (0%)]    Loss: 0.201016
2020-09-18 16:06:43,018 DEBUG run_websocket_client.py(l:78) - Train Worker alice: [25/50 (50%)] Loss: 0.090050
2020-09-18 16:06:47,431 DEBUG run_websocket_client.py(l:78) - Train Worker bob: [0/50 (0%)]      Loss: 0.330355
2020-09-18 16:06:49,596 DEBUG run_websocket_client.py(l:78) - Train Worker bob: [25/50 (50%)]    Loss: 0.271519
2020-09-18 16:06:54,024 DEBUG run_websocket_client.py(l:78) - Train Worker charlie: [0/50 (0%)] Loss: 0.187477
2020-09-18 16:06:56,192 DEBUG run_websocket_client.py(l:78) - Train Worker charlie: [25/50 (50%)]       Loss: 0.222949
2020-09-18 16:07:05,313 DEBUG run_websocket_client.py(l:130) - Starting training round, batches [300, 350]
2020-09-18 16:07:05,489 DEBUG run_websocket_client.py(l:78) - Train Worker alice: [0/13 (0%)]    Loss: 0.659293
2020-09-18 16:07:08,821 DEBUG run_websocket_client.py(l:78) - Train Worker bob: [0/13 (0%)]      Loss: 0.176624
2020-09-18 16:07:12,125 DEBUG run_websocket_client.py(l:78) - Train Worker charlie: [0/13 (0%)] Loss: 0.337940
2020-09-18 16:07:15,338 DEBUG run_websocket_client.py(l:130) - Starting training round, batches [350, 400]
2020-09-18 16:07:15,348 DEBUG run_websocket_client.py(l:142) - At least one worker ran out of data, stopping.
2020-09-18 16:07:18,390 DEBUG run_websocket_client.py(l:166) -

2020-09-18 16:07:18,390 INFO run_websocket_client.py(l:170) - Test set: Average loss: 0.2196, Accuracy: 9309/10000 (93%)
```

图 6-21　联邦模型训练过程

5. 注意事项

若出现“OSError：[Errno 99]”等报错(见图 6-22)，可尝试以 su 权限编辑/etc/hosts 文件，仅保留 127.0.0.1 localhost，如图 6-23 所示。

```
OSError: [Errno 99] error while attempting to bind on address ('::1', 8890, 0, 0): cannot assign requested address
Process Process-1:
Traceback (most recent call last):
  File "/root/miniconda3/envs/pysyft/lib/python3.7/multiprocessing/process.py", line 297, in _bootstrap
    self.run()
  File "/root/miniconda3/envs/pysyft/lib/python3.7/multiprocessing/process.py", line 99, in run
    self._target(*self._args, **self._kwargs)
  File "/run_websocket_server.py", line 110, in target
    server.start()
  File "/root/miniconda3/envs/pysyft/lib/python3.7/site-packages/syft/workers/websocket_server.py", line 170, in start
    asyncio.get_event_loop().run_until_complete(start_server)
  File "/root/miniconda3/envs/pysyft/lib/python3.7/asyncio/base_events.py", line 587, in run_until_complete
    return future.result()
  File "/root/miniconda3/envs/pysyft/lib/python3.7/asyncio/tasks.py", line 630, in _wrap_awaitable
    return (yield from awaitable.__await__())
  File "/root/miniconda3/envs/pysyft/lib/python3.7/site-packages/websockets/server.py", line 965, in __await_impl__
    server = await self._create_server()
  File "/root/miniconda3/envs/pysyft/lib/python3.7/asyncio/base_events.py", line 1389, in create_server
    % (sa, err.strerror.lower())) from None
OSError: [Errno 99] error while attempting to bind on address ('::1', 8892, 0, 0): cannot assign requested address
```

图 6-22　报错信息

```
127.0.0.1       localhost        localhost.localdomain   localhost4      localhost4.localdomain4
172.31.100.122  iZm5ef8thfnbxyjeo07kxuZ iZm5ef8thfnbxyjeo07kxuZ
```

图 6-23　配置界面信息

6.2　联邦学习开源框架部署：TFF

6.2.1　TFF 基本介绍

TFF(TensorFlow Federated)⊖是一个开源框架，可用于对分散式数据进行机器学习计算。通过 TFF 开源框架，开发者可以基于初始模型和本地数据来模拟联邦学习过程，还可以实验新算法。TFF 提供的构建块也可用于实现非学习计算，例如对分散式数据进行聚合分析。TFF 的接口大致分成两层。

□ **联邦学习(FL)API**：该层提供了一组高级接口，使开发人员可以将联合训练和

⊖　TensorFlow Federated：github. com/tensorflow/federated.

评估应用于现有的 TensorFlow 模型。

- **联邦核心(FC)API**：该系统的核心是一组下层接口，通过在强大功能的编程环境中将 TensorFlow 与分布式通信运算符结合起来，简洁表达了新颖的联邦算法。该层是我们构建联邦学习的基础。

TFF 能够让开发人员以声明方式表征联邦计算，因此开发人员可以将它部署到各种运行环境中。

6.2.2　开发环境准备与搭建

1）使用 Conda 命令创建虚拟环境，我们推荐使用 Python 3.7 版本。若命令无法识别，请自行安装 Anaconda 环境管理工具。

```
conda create -n tff python=3.7
```

2）激活刚刚创建的 TFF 环境。

```
conda activate tff
```

3）安装 Jupyter Notebook，以便于调试。

```
conda install jupyter notebook
```

说明　当前执行的 Python 版本号为 3.7.9，TensorFlow 版本号为 2.3.2，TFF 版本号为 0.17.0，可供读者学习参考。在部署实践中，可能会因版本更新变化而产生差异，具体请以官方链接为准。

6.2.3　TFF 安装指南

1）激活 TFF 环境。

```
conda activate tff
```

2）安装 TFF。

在 Linux 环境下，打开终端，并执行以下命令：

```
pip install —upgrade tensorflow_federated
```

在安装过程中，若提示有相关依赖库缺失，则需要安装指定版本的依赖库。

安装完成后，在终端中执行以下命令：

```
python -c "import tensorflow_federated as tff; print(tff.federated_computation(lambda:
    'Hello World')())"
```

若成功打印"Hello World"，则表示 TFF 安装成功。

3）注意事项。

在本地 Jupyter Notebook 调试中，若出现"RuntimeError：Cannot run the event loop while another loop is running"错误，则需在 TFF 环境下执行以下命令：

```
pip install nest_asyncio
```

并在头部引入库时加入：

```
import nest_asyncio
nest_asyncio.apply()
```

6.2.4　开发前的准备

1）打开终端，进入程序所在文件夹。

```
cd xxxx/xxxx
```

2）激活 TFF 虚拟环境。

```
conda activate tff
```

3）打开 Jupyter Notebook，进行代码调试。

```
jupyter notebook
```

6.2.5　TFF 测试样例

1）导入 TFF 库与相关库，并打印问候语以确保环境设置正确，代码如下。

```
import collections
import numpy as np
import tensorflow as tf
import tensorflow_federated as tff
import matplotlib.pyplot as plt

np.random.seed(0)
tff.federated_computation(lambda: 'Hello, World!')()
```

2）加载数据集。以 MNIST 为例，运行后程序会自动下载 MNIST 数据集并保存在 data 文件夹下，然后调用框架预设函数对数据集进行分割以模拟多个客户端所持有的数据：

```
emnist_train, emnist_test = tff.simulation.datasets.emnist.load_data()
example_dataset = emnist_train.create_tf_dataset_for_client(
    emnist_train.client_ids[0])
example_element = next(iter(example_dataset))
example_element['label'].numpy()
```

3）在联邦学习中，数据通常不符合独立同分布，即在联邦环境中，每个客户端上的样本数量可能会有所不同，具体取决于用户的行为。代码执行后，我们可以直观地看到每个客户端上每个 MNIST 数字标签的样本数量（见图 6-24）。

```
f = plt.figure(figsize=(12, 7))
f.suptitle('Label Counts for a Sample of Clients')
for i in range(6):
    client_dataset = emnist_train.create_tf_dataset_for_client(
        emnist_train.client_ids[i])
    plot_data = collections.defaultdict(list)
    for example in client_dataset:
        label = example['label'].numpy()
        plot_data[label].append(label)
        plt.subplot(2, 3, i+ 1)
        plt.title('Client {}'.format(i))
    for j in range(10):
        plt.hist(
            plot_data[j],
            density=False,
            bins=[0, 1, 2, 3, 4, 5, 6, 7, 8, 9, 10])
        plt.show()
```

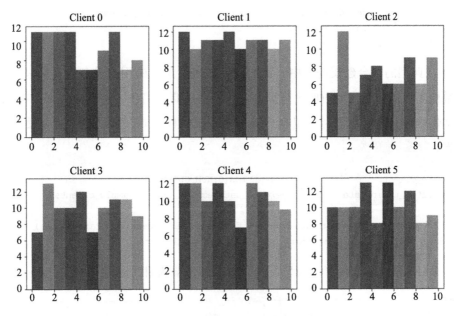

图 6-24 不同客户端中的数据分布

4）设定训练所需超参数，对图像数据进行预处理：

```
NUM_CLIENTS = 10
NUM_EPOCHS = 5
BATCH_SIZE = 20
SHUFFLE_BUFFER = 100
PREFETCH_BUFFER = 10

def preprocess(dataset):

    def batch_format_fn(element):
        # 将图像像素展平，返回 OrderedDict 对象的特征
        return collections.OrderedDict(
            x = tf.reshape(element['pixels'], [-1, 784]),
            y = tf.reshape(element['label'], [-1, 1]))

    return dataset.repeat(NUM_EPOCHS).shuffle(SHUFFLE_BUFFER).batch(
            BATCH_SIZE).map(batch_format_fn).prefetch(PREFETCH_BUFFER)
preprocessed_example_dataset = preprocess(example_dataset)

# 从给定用户集中抽取一些数据构造数据集列表，作为一轮训练或评估的输入
def make_federated_data(client_data, client_ids):
    return [
```

```
            preprocess(client_data.create_tf_dataset_for_client(x))
            for x in client_ids
    ]
```

5) 在典型的联合建模场景中,我们要处理大量潜在的用户设备,其中只有一小部分边端模型可以在指定的时间进行训练。在当前仿真环境中,所有数据都在本地可用,为了加快收敛,我们设置对一组客户端进行一次采样,并在各回合中重复使用同一组客户端。

```
sample_clients = emnist_train.client_ids[0:NUM_CLIENTS]
federated_train_data = make_federated_data(emnist_train, sample_clients)

print('Number of client datasets: {l}'.format(l=len(federated_train_data)))
print('First dataset: {d}'.format(d=federated_train_data[0]))
```

6) 用 Keras 创建深度学习模型,为了供 TFF 框架调用,将其用 ttf. learning. Model 接口包装。

```
def create_keras_model():
    return tf.keras.models.Sequential([
        tf.keras.layers.Input(shape=(784,)),
        tf.keras.layers.Dense(10, kernel_initializer='zeros'),
        tf.keras.layers.Softmax(),
    ])
example_element = next(iter(example_dataset))
example_element['label'].numpy()
# 将其包装在 ttf.learning.Model 接口的实例中
def model_fn():
    # 必须在这里创建一个新模型
    keras_model = create_keras_model()
    return tff.learning.from_keras_model(
        keras_model,
        input_spec=preprocessed_example_dataset.element_spec,
        loss=tf.keras.losses.SparseCategoricalCrossentropy(),
        metrics=[tf.keras.metrics.SparseCategoricalAccuracy()])
```

7) 通过调用辅助函数 tff. learning. build_federated_averaging_process 来让 TFF 构造一个 FedAvg 算法,在联邦数据上训练模型。关于下面的 FedAvg 算法的一个重要说明,有 2 个优化程序:_clientoptimizer 和_serveroptimizer。_clientoptimizer 仅用于在每个客户端上计算本地模型更新,_serveroptimizer 将平均更新应用于服务器上的全局模型。

```
iterative_process = tff.learning.build_federated_averaging_process(
    model_fn,
    client_optimizer_fn = lambda: tf.keras.optimizers.SGD(learning_rate=0.02),
    server_optimizer_fn = lambda: tf.keras.optimizers.SGD(learning_rate=1.0))
```

8）通过调用 iterative_process 进行联邦模型训练，如图 6-25 所示。

```
NUM_ROUNDS = 11
trainer = tff.learning.build_federated_averaging_process(
    model_fn,
    client_optimizer_fn= lambda:tf.keras.optimizers.SGD(0.1))
state = trainer.initialize()
for round_num in range(2, NUM_ROUNDS):
    state, metrics = iterative_process.next(state, federated_train_data)
    print('round {:2d}, metrics={}'.format(round_num, metrics))
```

```
for round_num in range(2, 11):
    state, metrics = iterative_process.next(state, federated_train_data)
    print('round {:2d}, metrics={}'.format(round_num, metrics))

round  2, metrics=OrderedDict([('broadcast', ()), ('aggregation', OrderedDict([('value_sum_process', (
round  3, metrics=OrderedDict([('broadcast', ()), ('aggregation', OrderedDict([('value_sum_process', (
round  4, metrics=OrderedDict([('broadcast', ()), ('aggregation', OrderedDict([('value_sum_process', (
round  5, metrics=OrderedDict([('broadcast', ()), ('aggregation', OrderedDict([('value_sum_process', (
round  6, metrics=OrderedDict([('broadcast', ()), ('aggregation', OrderedDict([('value_sum_process', (
round  7, metrics=OrderedDict([('broadcast', ()), ('aggregation', OrderedDict([('value_sum_process', (
round  8, metrics=OrderedDict([('broadcast', ()), ('aggregation', OrderedDict([('value_sum_process', (
round  9, metrics=OrderedDict([('broadcast', ()), ('aggregation', OrderedDict([('value_sum_process', (
round 10, metrics=OrderedDict([('broadcast', ()), ('aggregation', OrderedDict([('value_sum_process', (
```

图 6-25 联邦训练迭代过程

9）在训练集上评估模型，如图 6-26 所示。

```
evaluation=tff.learning.build_federated_evaluation( MnistModel)
train_metrics = evaluation(state.model, federated_train_data)
```

```
train_metrics = evaluation(state.model, federated_train_data)
str(train_metrics)

'OrderedDict([('num_examples', 4860.0), ('loss', 1.5392004), ('accuracy', 0.63374484)])'
```

图 6-26 模型在训练集上的表现

10）在测试集上评估模型，如图 6-27 所示。

```
# 数据将来自真实用户的相同样本，但来自截然不同的保留数据集
```

```
federated_test_data = make_federated_data(emnist_test, sample_clients)
test_metrics = evaluation(state.model, federated_test_data)
str(test_metrics)
```

```
1 federated_test_data = make_federated_data(emnist_test, sample_clients)
2 test_metrics = evaluation(state.model, federated_test_data)
3 str(test_metrics)

'OrderedDict([('num_examples', 580.0), ('loss', 1.6100731), ('accuracy', 0.6034483)])'
```

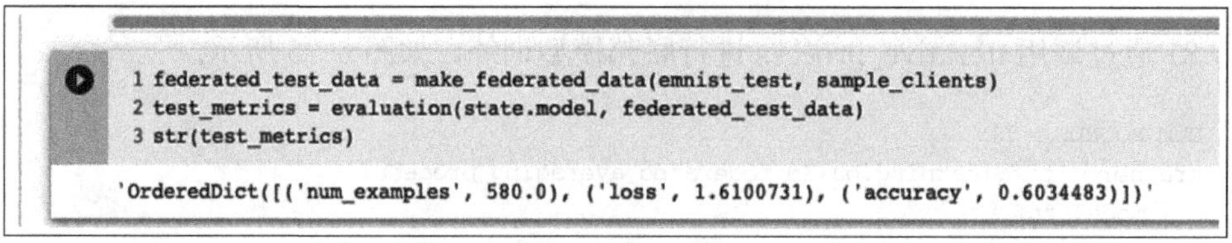

图 6-27　模型在测试集上的表现

这样我们就使用 TFF 完成了一个简单的联邦学习环境及训练过程的模拟。可以查看 TFF 官方文档了解更多详细的自定义与细节控制信息，以定制与需求更相符的功能。

6.3　联邦学习开源框架部署：CrypTen

6.3.1　CrypTen 基本介绍

CrypTen [一]是一种基于 PyTorch 的机器学习框架，它使用户能够通过安全计算技术轻松研究和开发机器学习模型。CrypTen 允许用户使用 PyTorch API 开发模型，同时能对加密数据执行计算，而无须透露受保护的信息。CrypTen 可以确保敏感数据或其他私有数据始终保持秘密状态，同时允许每个用户对聚合的加密数据进行模型训练和推断。

6.3.2　开发环境准备与搭建

1）使用 conda 命令创建虚拟环境，推荐使用 Python 3.7：

```
conda create -n crypten python=3.7
```

2）激活刚刚创建的 CrypTen 环境：

```
conda activate crypten
```

一　github.com/facebookresearch/CrypTen

3）安装 Jupyter Notebook，以便于调试：

```
conda install jupyter notebook
```

6.3.3 CrypTen 安装指南

1）激活 CrypTen 环境：

```
conda activate crypten
```

2）安装 CrypTen：

在 Linux 环境下，执行以下指令：

```
pip install crypten
```

说明

1）若提示有相关依赖库缺失，需安装指定版本的依赖库。例如，若缺失 3.2.2 版本的 Matplotlib，需执行以下指令：

```
pip install matplotlib==3.2.2
```

2）CrypTen 暂不支持 Windows 版本，且不支持 GPU 训练。

3）当前执行的 Python 版本号为 3.7.9，CrypTen 版本号为 0.1，可供读者学习参考。在部署实践过程中，可能会因版本更新变化而产生差异，具体请以官方链接为准。

6.3.4 开发前的准备

1）打开终端，进入程序所在文件夹。

```
cd xxxx/xxxx
```

2）激活 CrypTen 虚拟环境。

```
conda activate crypten
```

3）打开 Jupyter Notebook，进行代码调试。

```
jupyter notebook
```

6.3.5 CrypTen 测试样例

1. 基础操作

1）前期准备。

```
# 导入 torch 库
import torch
# 导入 crypten 库
import crypten
# 初始化 crypten 库，若不进行初始化，则 crypten 库无法正常使用
crypten.init()
```

2）对张量进行加密与解密。

```
# 创建加密张量
x = torch.tensor([1.0, 2.0, 3.0])
# 对 x 进行加密
x_enc = crypten.cryptensor(x)
# 打印加密后的张量
print(x_enc)
# 对 x 进行解密
x_dec = x_enc.get_plain_text()
# 判断解密后的 x 是否与 x 相同
print(x_dec == x)
```

运行结果如图 6-28 所示。

```
In [2]:   1   # 创建加密张量
          2   x = torch.tensor([1.0, 2.0, 3.0])
          3   # 对x进行加密
          4   x_enc = crypten.cryptensor(x)
          5   # 打印加密后的张量
          6   print(x_enc)  #
          7   # 对x进行解密
          8   x_dec = x_enc.get_plain_text()
          9   #判断解密后的x是否和x相同
         10   print(x_dec == x)
         11

MPCTensor(
        _tensor=tensor([ 65536, 131072, 196608])
        plain_text=HIDDEN
        ptype=ptype.arithmetic
)
tensor([True, True, True])
```

图 6-28 张量加密与解密

3) 对加密张量进行操作。

```
# 加密张量与普通张量之间的算术运算
x_enc = crypten.cryptensor([4.0, 6.0, 9.0])
y = 2.0
y_enc = crypten.cryptensor(2.0)
# 加法
z_enc1 = x_enc + y          # 加密张量与普通张量的加法，结果为加密张量
z_enc2 = x_enc + y_enc      # 加密张量之间的加法，结果仍为加密张量
print(z_enc1.get_plain_text())
print(z_enc2.get_plain_text())

# 减法
z_enc1 = x_enc - y          # 加密张量与普通张量的减法，结果为加密张量
z_enc2 = x_enc - y_enc      # 加密张量之间的减法，结果仍为加密张量
print(z_enc1.get_plain_text())
print(z_enc2.get_plain_text())

# 乘法
z_enc1 = x_enc * y          # 加密张量与普通张量的乘法，结果为加密张量
z_enc2 = x_enc * y_enc      # 加密张量之间的乘法，结果仍为加密张量
print(z_enc1.get_plain_text())
print(z_enc2.get_plain_text())

# 除法
z_enc1 = x_enc / y          # 加密张量与普通张量的除法，结果为加密张量
z_enc2 = x_enc / y_enc      # 加密张量之间的除法，结果仍为加密张量
print(z_enc1.get_plain_text())
print(z_enc2.get_plain_text())
```

运行结果如图 6-29 所示。

4) 加密张量的对比，返回结果均为加密张量，解密后的张量中 0 代表 false，1 代表 true。

```
x_enc = crypten.cryptensor([1.0, 2.0, 3.0, 4.0, 5.0])
y = torch.tensor(15.0, 4.0, 3.0, 2.0, 5.0])
y_enc = crypten.cryptensor(y)

# 小于
z_enc1 = x_enc < y
z_enc2 = x_enc < y_enc

# 小于或等于
z_enc1 = x_enc <= y
```

```
In [3]:   1  #Arithmetic operations between CrypTensors and plaintext tensors
          2  x_enc = crypten.cryptensor([4.0, 6.0, 9.0])
          3  y = 2.0
          4  y_enc = crypten.cryptensor(2.0)
          5  # 加法
          6  z_enc1 = x_enc + y         # 加密张量与普通张量的加法, 结果为加密张量
          7  z_enc2 = x_enc + y_enc     # 加密张量之间的加法, 结果仍为加密张量
          8  print(z_enc1.get_plain_text())
          9  print(z_enc2.get_plain_text())
         10
         11  # 减法
         12  z_enc1 = x_enc - y         # 加密张量与普通张量的减法, 结果为加密张量
         13  z_enc2 = x_enc - y_enc     # 加密张量之间的减法, 结果仍为加密张量
         14  print(z_enc1.get_plain_text())
         15  print(z_enc2.get_plain_text())
         16
         17  # 乘法
         18  z_enc1 = x_enc * y         # 加密张量与普通张量的乘法, 结果为加密张量
         19  z_enc2 = x_enc * y_enc     # 加密张量之间的乘法, 结果仍为加密张量
         20  print(z_enc1.get_plain_text())
         21  print(z_enc2.get_plain_text())
         22
         23  # 除法
         24  z_enc1 = x_enc / y         # 加密张量与普通张量的除法, 结果为加密张量
         25  z_enc2 = x_enc / y_enc     # 加密张量之间的除法, 结果仍为加密张量
         26  print(z_enc1.get_plain_text())
         27  print(z_enc2.get_plain_text())
         28

          tensor([ 6.,  8., 11.])
          tensor([ 6.,  8., 11.])
          tensor([2., 4., 7.])
          tensor([2., 4., 7.])
          tensor([ 8., 12., 18.])
          tensor([ 8., 12., 18.])
          tensor([2.0000, 3.0000, 4.5000])
          tensor([2.0000, 3.0000, 4.5000])
```

图 6-29 对加密张量的操作

```
z_enc2 = x_enc < = y_enc

# 大于
z_enc1 = x_enc > y
z_enc2 = x_enc > y_enc

# 大于或等于
z_enc1 = x_enc > = y
z_enc2 = x_enc > = y_enc

# 等于
z_enc1 = x_enc = = y
z_enc2 = x_enc = = y_enc
```

```
# 不等于
z_enc1 = x_enc != y
z_enc2 = x_enc != y_enc
```

5) 在高级数学计算方面，CrypTen 为倒数、指数、对数、平方根、Tanh 等函数提供 MPC 支持。请注意，由于使用的近似值，这些函数会受到数值误差的影响。此外，当输入值超出所用近似值的收敛范围时，其中一些功能将失效。这些不会产生错误，因为值是经过加密的，未经解密就无法检查。因此，使用这些功能时请多加注意。

```
# 构建样例输入加密张量
x = torch.tensor([0.1, 0.3, 0.5, 1.0, 1.5, 2.0, 2.5])
x_enc = crypten.cryptensor(x)

# 倒数
z = x.reciprocal()
z_enc = x_enc.reciprocal()

# 对数
z = x.log()
z_enc = x_enc.log()

# 指数
z = x.exp()
z_enc = x_enc.exp()

# 平方根
z = x.sqrt()
z_enc = x_enc.sqrt()

# Tanh 函数
z = x.tanh()
z_enc = x_enc.tanh()
```

2. 使用 CrypTen 进行加密神经网络分类

开始前，需要先下载预训练模型 tutorial4_alice_model. pth [一]并将其保存至 ./models/路径，下载 mnist_utils. py [二]并执行如下指令以生成所需数据集，否则会报错找不到/tmp/alice_train. pth 等文件。

[一] https://github. com/facebookresearch/CrypTen/blob/master/tutorials/models/tutorial4_alice_model. pth
[二] https://raw. githubusercontent. com/facebookresearch/CrypTen/b1466440bde4db3e6e1fcb1740584d35a16eda9e/tutorials/mnist_utils. py

```
python mnist_utils.py —option train_v_test
```

然后，开始进行导库和 CrypTen 初始化操作。

```python
# 导入相关库
import crypten
import torch
# 初始化 CrypTen
crypten.init()
torch.set_num_threads(1)
# 忽略警告
import warnings
warnings.filterwarnings("ignore")

# 定义网络结构
import torch.nn as nn
import torch.nn.functional as F

class AliceNet(nn.Module):
    def __init__(self):
        super(AliceNet, self).__init__()
        self.fc1 = nn.Linear(784, 128)
        self.fc2 = nn.Linear(128, 128)
        self.fc3 = nn.Linear(128, 10)
    def forward(self, x):
        out = self.fc1(x)
        out = F.relu(out)
        out = self.fc2(out)
        out = F.relu(out)
        out = self.fc3(out)
        return out
# 定义准确率计算函数
def compute_accuracy(output, labels):
    pred = output.argmax(1)
    correct = pred.eq(labels)
    correct_count = correct.sum(0, keepdim=True).float()
    accuracy = correct_count.mul_(100.0 / output.size(0))
return accuracy

ALICE = 0
BOB = 1
# 将预训练的模型传递给 Alice
dummy_model = AliceNet()
plaintext_model = crypten.load('models/tutorial4_alice_model.pth',
    dummy_model=dummy_model, src=ALICE)

# 用加密模型对加密数据进行分类
```

```
import crypten.mpc as mpc
import crypten.communicator as comm

labels = torch.load('/tmp/bob_test_labels.pth').long()
# 取 100 个样本用于分类
count = 100

@ mpc.run_multiprocess(world_size=2)
def encrypt_model_and_data():
    # 将预训练模型传递给 Alice
    model = crypten.load('models/tutorial4_alice_model.pth',
        dummy_model=dummy_model, src=ALICE)

    # 对 Alice 的模型进行加密:
    # 1. 创建一个与模型输入形状相同的虚拟输入
    dummy_input = torch.empty((1, 784))
    # 2. 通过训练的模型和虚拟输入建立一个 CrypTen 私有模型
    private_model = crypten.nn.from_pytorch(model, dummy_input)
    # 3. 对私有模型进行加密
    private_model.encrypt(src=ALICE)

    # 检查模型是否已加密
    print("Model successfully encrypted:", private_model.encrypted)

    # 将数据传递给 Bob
    data_enc = crypten.load('/tmp/bob_test.pth', src=BOB)
    data_enc2 = data_enc[:count]
    data_flatten = data_enc2.flatten(start_dim=1)

    # 对加密数据进行分类
    private_model.eval()
    output_enc = private_model(data_flatten)

    # 计算准确率
    output = output_enc.get_plain_text()
    accuracy = compute_accuracy(output, labels[:count])
    print("\tAccuracy: {0:.4f}".format(accuracy.item()))

encrypt_model_and_data()
```

模型的准确率如图 6-30 所示。

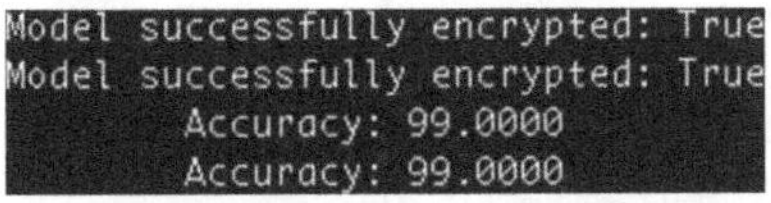

```
Model successfully encrypted: True
Model successfully encrypted: True
        Accuracy: 99.0000
        Accuracy: 99.0000
```

图 6-30 模型加密成功及模型准确率

3. 训练一个加密的神经网络

下面，我们将从导库、初始化和定义开始，给出一个在密态下联合训练神经网络的实践示例，具体如下。

```python
# 导入相关库
import crypten
import torch
# 初始化 CrypTen
crypten.init()
torch.set_num_threads(1)

import torch.nn as nn
import torch.nn.functional as F

# 定义网络结构
class ExampleNet(nn.Module):
    def __init__(self):
        super(ExampleNet, self).__init__()
        self.conv1 = nn.Conv2d(1, 16, kernel_size=5, padding=0)
        self.fc1 = nn.Linear(16 * 12 * 12, 100)
        self.fc2 = nn.Linear(100, 2)

    def forward(self, x):
        out = self.conv1(x)
        out = F.relu(out)
        out = F.max_pool2d(out, 2)
        out = out.view(out.size(0), -1)
        out = self.fc1(out)
        out = F.relu(out)
        out = self.fc2(out)
        return out

# 定义客户端编号
ALICE = 0
BOB = 1

# Alice 加载数据
data_alice_enc = crypten.load('/tmp/alice_train.pth', src=ALICE)

x_small = torch.rand(100, 1, 28, 28)
y_small = torch.randint(1, (100,))

# 将标签转化为 one-hot 编码
label_eye = torch.eye(2)
y_one_hot = label_eye[y_small]
```

```
# 将数据转化为加密张量
x_train = crypten.cryptensor(x_small, src=ALICE)
y_train = crypten.cryptensor(y_one_hot)

# 实例化并加密一个 CrypTen 模型
model_plaintext = ExampleNet()
dummy_input = torch.empty(1, 1, 28, 28)
model = crypten.nn.from_pytorch(model_plaintext, dummy_input)
model.encrypt()

import crypten.mpc as mpc
import crypten.communicator as comm

# 将标签转为 one-hot 编码（此处标签数据为公开，所以未经加密，直接加载转为 tensor 格式）
labels = torch.load('/tmp/train_labels.pth')
labels = labels.long()
labels_one_hot = label_eye[labels]

# 开启多进程（用于本地模拟，此处为 2 个进程）
@ mpc.run_multiprocess(world_size=2)

# 定义加密训练函数
def run_encrypted_training():
    # 分别为 Alice 和 Bob 加载加密数据
    x_alice_enc = crypten.load('/tmp/alice_train.pth', src=ALICE)
    x_bob_enc = crypten.load('/tmp/bob_train.pth', src=BOB)

    # 合并特征集
    x_combined_enc = crypten.cat([x_alice_enc, x_bob_enc], dim=2)

    # 转换格式以满足网络要求
    x_combined_enc = x_combined_enc.unsqueeze(1)

    # 初始化模型并对模型进行加密
    model = crypten.nn.from_pytorch(ExampleNet(), dummy_input)
    model.encrypt()

    # 设定训练模式
    model.train()
    # 定义损失函数
    loss = crypten.nn.MSELoss()

    # 定义训练参数
    learning_rate = 0.001
    num_epochs = 2
```

```
batch_size = 10
num_batches = x_combined_enc.size(0) // batch_size

rank = comm.get().get_rank()
for i in range(num_epochs):
    if rank == 0:
        print(f"Epoch {i} in progress:")

    for batch in range(num_batches):
        # 定义每一次训练中一个batch开始和结束的位置
        start, end = batch * batch_size, (batch + 1) * batch_size

        # 根据训练和标签数据构造加密数据
        x_train = x_combined_enc[start:end]
        y_batch = labels_one_hot[start:end]
        y_train = crypten.cryptensor(y_batch)

        # 正向传播
        output = model(x_train)
        loss_value = loss(output, y_train)

        # 设置梯度为0
        model.zero_grad()

        # 反向传播
        loss_value.backward()

        # 更新参数
        model.update_parameters(learning_rate)

        # 打印当前输出结果
        batch_loss = loss_value.get_plain_text()
        if rank == 0:
            print(f"\tBatch {(batch + 1)} of {num_batches} Loss {batch_loss.item():.4f}")

# 开始加密训练
run_encrypted_training()
```

实验结果如图 6-31 所示，loss 在训练过程中逐步下降，训练取得了成效。

4. 注意事项

若计算同时涉及加密张量和普通张量，则加密张量须位于操作符左侧，如 $z\_enc < c$（z_enc 为加密张量，c 为普通张量）。若加密张量位于操作符右侧，如 $c > z\_enc$，则程序会报错。

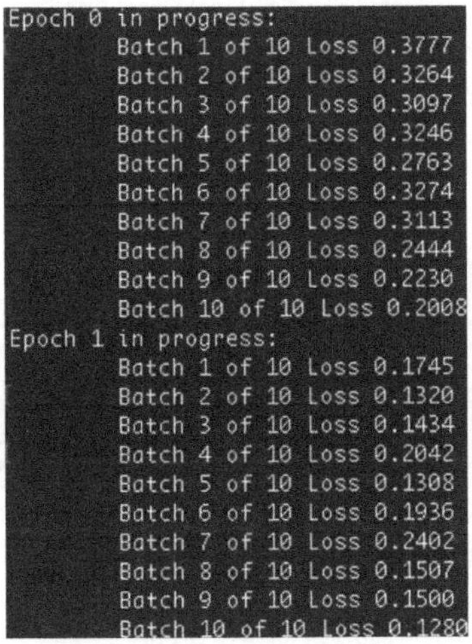

图 6-31 训练加密的神经网络

6.4 本章小结

本章详细介绍了 PySyft、TFF 和 CrypTen 开源框架。本章从入门实战的角度出发，在开发环境准备和搭建方面给出了详细的指导，全面梳理了联邦学习在实践方面的具体应用，其中涵盖开源框架的安装指南、测试样例和实操部署流程。

第 **7** 章

联邦学习的行业解决方案

在保护数据隐私的前提下解决行业中的数据孤岛问题，是联邦学习价值的核心所在。本章将从智慧金融、智慧医疗、智慧城市及物联网四大典型应用场景出发，分析联邦学习的应用背景及潜在需求，介绍基于联邦学习的解决方案是如何赋能行业、实现降本增效、产生应用价值的。相信在不久的将来，联邦学习会帮助我们打破各领域、各行业的数据壁垒，让人工智能带来的红利散落到社会的方方面面。

7.1 联邦学习＋智慧金融

在"新基建"和"双循环"战略的背景下，金融行业正处于数字化转型的浪潮中。面对日益严峻的竞争态势，金融企业意识到加速科技研发和创新的重要性。不过，在加速数字化转型的过程中，银行、保险、投资等行业都面临着有效数据欠缺与隐私保护安全风险的双重挑战。应用联邦学习打破各个企业之间的数据壁垒，将是企业完成数字化转型的关键。

7.1.1 联邦学习＋银行

银行业务与社交门户、电子商务的关联越来越紧密，大量信息广泛存在于银行以外的诸多门户中，如社区论坛、电商平台等。银行亟须打破数据边界，借助大数据中的特征信息提升经营价值，实现千人千面的精准服务。下面将具体分析银行业目前所面临的问题与困境，并从银行智能营销和智能风控两个方面介绍如何运用联邦学习来解决实际问题。

（1）应用背景

近年来，随着大数据、云计算、人工智能、区块链等技术的迅猛发展，以银行为代表的金融行业进行了升级与变革，可以看到，技术进步推动了银行业由信息化向着智能化方向演进。互联网平台可以在移动智能终端上汇集海量用户数据，打通各参与方信息交互的渠道，削弱信息不对称性，降低交易决策成本，充分发掘客户的个性化需求与潜在价值。

随着公众对个人数据和隐私的重视程度日渐提高，多项针对用户隐私和公众数据信息保护的政策和法规相继出台（见图 7-1）。以银行业为代表的金融服务市场面临着巨大的监管压力和激烈的行业内竞争，如何合规有序地利用数据信息是当前银行业乃至整个金融行业进一步发展的难点。同时，银行还面临着有效数据欠缺与隐私保护合规的双重挑战。银行看似数据繁多，实则大部分数据未经专业标注，有效数据非常少，且大量数据的控制权分散在不同部门，数据交换与共享受到重重限制，产生了严重的"数据孤岛"问题。

图 7-1　近年出台的数据监管相关政策和法规

一般来说，只有集中大量数据进行分析，人工智能技术才能获得理想的训练模型。不过，把处于竞争关系的不同银行的交易数据、政府部门敏感的税务数据等信息传输到云端，构建数据集以用于训练，几乎是不可能的。因此，一方面，为了利用新兴技术提高银行的业务处理效率，银行业必须与外部机构的数据联系起来；另一方面，银行必须在不侵犯用户数据隐私的前提下，实现数据价值，提升金融服务能力。银行业需要一个既能够联合多方数据，又能够有效保护隐私的解决方案。

（2）基于联邦学习的解决方案

联邦学习作为分布式的机器学习新范式，能够帮助不同机构在满足用户隐私保护和数据安全的前提下，联合使用数据和建模，从技术上有效解决数据孤岛问题，达成人工智能协作。

以金融领域为例，传统金融机构、互联网金融公司及金融科技公司通过联邦学习计算，补充彼此之间多场景的用户数据信息，以此为基础进行信用画像评分，提高自身的风控能力，最终实现联邦风控和联邦营销。私人商业银行也可以应用联邦学习技术，解决在银行业一直都难以解决的问题——多方贷款检测。参与方在联邦生态中，无须建立中央数据库，通过联合建模就可以获得多维度评估客户贷款情况的能力，从而在保护客户隐私和数据安全的情况下，降低银行的不良贷款率。

接下来我们将从银行智能营销系统和智能风控系统两个方面介绍联邦学习在银行场景下的应用。

①智能营销系统

当前银行存在大量非结构化的数据，数据处理工作面临着极大的挑战。如果能够精准分析这些庞杂的数据，形成精准的客户画像，银行将在营销方面得到质的飞跃。但是，形成精准客户画像的基础是建立客户数据标签体系，从基础数据到衍生指标，再到立体化数字画像标签体系，均依赖于客户购买力、信用、偏好等不同维度的大量数据，而这些数据分散在不同的平台上。

一般来说，银行拥有客户购买能力的特征数据，社交点评类平台则拥有客户个人偏好的特征数据，将这些数据整合，就能构建更精准、更有价值的营销推荐模型（见图 7-2）。由于数据整合中存在数据安全和个人隐私保护的问题，因此需要借助联邦学习来解决。具体而言，在保证银行、电商平台等机构不直接共享数据的前提下，首先进行客户类别划分和数据的加密对齐，解决不同平台之间实际客户重合度低的问题，然后将各本地端的模型梯度上传到云端，通过联邦学习进行梯度聚合计算，训练联合模型，同时云端将聚合得到的模型梯度下传到本地端，帮助参与方建立客户预测模型（其中包含客户的信用评分、客户画像等特征维度），最终实现广告信息推送的动态调整。除此之外，还可以在风险可控和隐私保护的前提下更好地获取目标客户。

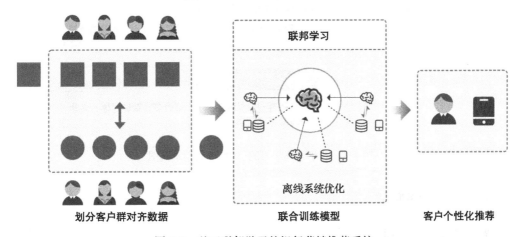

图 7-2　基于联邦学习的银行营销推荐系统

银行不仅可以与其他平台共同利用联邦学习技术提升营销效果，而且同一地域的银行之间、金融支付机构之间也可以通过联邦学习提升业务效率。不同银行拥有的客户信息维度各不相同，通过联邦学习将客户的各项数据标签联合起来进行分析，能够生成更为精准的客户画像，形成"千人千面"的智能化营销体系。虽然在客户数据、业务领域、获客与营销等方面，中小金融机构均与大型银行存在较大差距，资源较为受限，但这些机构内也存在有价值的数据，能够补齐大型银行中某些客户信息缺失的情况，从而在保证参与方数据安全的前提下提升各方模型的效果。

总之，在银行智能营销领域利用联邦学习，可以安全有效地利用多方数据建模，在保障客户隐私的前提下，更为精准地洞察客户，从而为客户推荐更为个性化的银行产品(见图 7-3)。

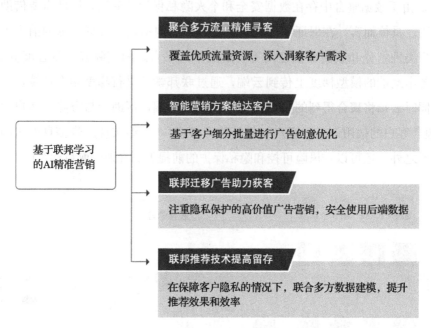

图 7-3   基于联邦学习的 AI 精准营销示例图

②智能风控系统

智能贷款风险管理

贷款风险管理是银行业务的重要组成部分，加强风险管理，规避或降低贷款风险可以最大程度避免信贷资金的损失，保证信贷资金安全。通常情况下，银行内部均会针对本行客户建立本地数据库，其中包含客户实际收入情况、消费水平和个人征信状况等信息，但这些数据来源单一，特征维度不够，无法对个人或企业的贷款风险进行准确分析。如果银行能够与地方税务局、社保局等政府机构以及其他银行、支付机构建立联系，参与联合建模训练，将有助于银行进行更准确的风险监控和风险评估跟踪。

对于个人贷款，传统信用风险评估模型能获取的数据维度有限，生成的客户画像维度过于单一，银行无法进行全面的信用评估。借助联邦学习技术，可以在保护客户信息的前提下，将来自支付应用的消费数据、来自出行应用的出行数据、运营商收集的客户风险行为数据等更多维度的数据特征纳入联合风控模型中，构建更为精准的风控模型。模型严格加密，不会造成隐私泄露。相较于传统的人工智能技术，使用联邦学习能够联合多领域中有价值的数据，帮助银行等信贷机构在贷前审核、风险评估、贷后管理等环节实现全生命周期的风控保护，有效识别并过滤高风险行为，减少其资金损失，在贷前准入、贷后管理、账户安全等多场景实施更好的风险控制。

对于小微企业贷款来说，其风险评估问题已经成为制约企业发展的一个重要因素，同时，由于数据隐私安全的要求，跨企业的数据合作受到限制。而基于联邦学习技术的建模方案能够在保证数据隐私安全的前提下，联合多方数据，共建小微企业的多维度信用违约模型，提升模型效用。以微众银行为例，目前微众银行已经将联邦学习用于解决跨部门、跨企业的数据联合问题，利用联邦学习技术广泛解决无历史信用信息的小微企业贷款难的问题。具体来说，微众银行与有工商数据的中国银联完成了纵向联邦建模（见图 7-4），使用各自的数据一起训练模型，使用加密方式传递并更新参数，用于优化各自的模型效果。整个模型训练过程保证了数据和模型的安全性，同时明显降低不良贷款的发生率。

基于联邦学习的银行反欺诈检测系统

随着互联网的普及，电子银行业作为银行业务中最重要的板块之一，业务变得愈发多元与便捷，但其在为广大客户提供丰富金融服务的同时，也带来了新的风险。近年来，利用电子银行业务漏洞或者通过技术手段进行欺诈交易的案件越来越多，严重损害了银行和客户的财产安全。因此，构建一个安全可信的平台显得尤为重要。多家银行可以利用联邦学习训练一个通用的、强大的欺诈检测模型（见图 7-5），在联合学习的过程中，既可以保证敏感的客户数据不被共享，又能大大提升欺诈行为检测的准确率。

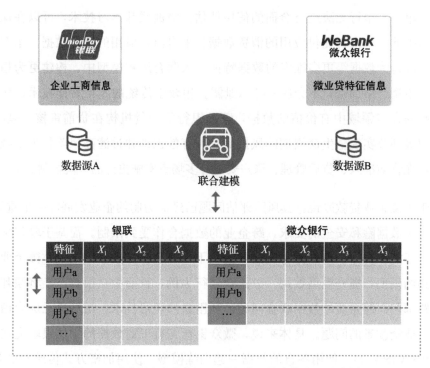

图 7-4　微众银行与银联基于联邦学习的合作流程示意图

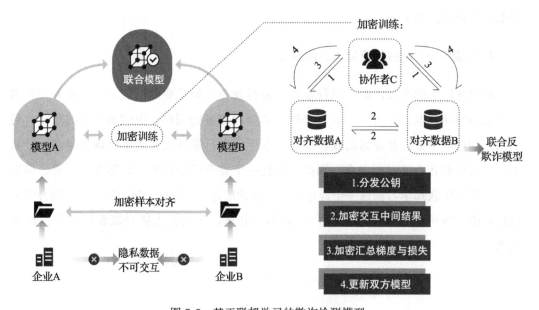

图 7-5　基于联邦学习的欺诈检测模型

金融机构依照法规要求开展合作，打击洗钱和欺诈活动，但由于金融机构之间无法共享交易数据，这对于倚赖大量数据进行训练的机器/深度学习非常不友好。以检测信用卡欺诈任务为例，其主要的挑战是公开可用的信用卡交易数据集很少，而且数据分布不均衡。在现实生活中，单家银行能够用于模型训练的信用卡欺诈案例非常有限，而由于数据安全性和隐私性，不同的银行无法直接共享其信用卡及其他交易的数据集。那么，数据量较少的中小银行和金融机构，通过联邦学习进行联合建模可以大大提升信用卡反欺诈检测的效果。各金融机构可以通过货币、非货币交易和数字渠道等不同方式获取数据，联合分析不同机构内电子邮件、语音电话以及其他类型欺诈事件的案例，有效识别更多种类的欺诈行为。

与信用卡反欺诈检测类似，在识别跨银行洗钱交易的联邦学习系统中，所有使用该系统的银行都可以从彼此的数据中受益，无须将自己的原始数据暴露给竞争对手，就能够构建效果更好的模型。这种基于联邦学习的可信系统能够为所有银行提供可信且平等的平台来打击金融犯罪，对于监管机构也非常有价值。我们来看一个具体案例。江苏银行是业内首家通过联邦学习来融合安全黑灰产库的银行，它与腾讯围绕联邦学习展开深度合作，借助腾讯的业务环节，推动 AI 技术与信贷风控相结合，开启了信用卡管理智能化、盈利规模化的经营模式[一]。

针对银行的联邦学习平台

谷歌公司早在 2016 年就提出了联邦学习的概念，经过多轮打磨，最终推出了 TFF（TensorFlow Federated）。英伟达公司在 NVIDIA NGC-Ready 服务器上开发了用于分布式协作联邦学习训练的 Clara FL。国内也有许多优秀的学者及其团队在联邦学习领域深耕不辍，既有老牌的技术大厂，也有新晋的优秀团队。很多公司已经各自推出了相关的产品，部分对比见表 7-1。

[一] 《江苏银行与腾讯安全合作探索联邦学习　开启信用卡智能经营之路》：https://tech.qq.com/a/20200418/003025.htm。

表 7-1 联邦学习相关平台及厂商

平台名	简介	公司
FATE	工业级联邦学习框架	微众银行
MORSE	数据安全共享基础设施	蚂蚁集团
PrivPy	安全多方计算平台	华控清交
FSMC	私有化部署联邦建模平台	富数科技
蜂巢系统	自主研发的联邦智能系统	平安科技
点石平台	可信云端计算及联合建模平台	百度
神盾-联邦计算	基于联邦学习、安全多方计算等安全技术的分布式计算平台	腾讯

这类平台具有安全性、一致性和公平性等特点，能够在不泄露数据的前提下，保证模型质量与传统方法一致，最终让参与者共同获益。基于密码学、安全多方计算等隐私保护方法，这类平台可满足多方安全联合建模和联合分析的需求。目前的应用领域大多为金融行业和医疗行业，因为这些行业的数据极为敏感。虽然联邦学习能够保证各方的数据安全，但前提是存在一个多方信任的、专为银行业务设计的联邦学习平台。一个针对银行领域的可信联邦学习平台必须具备可信度和广泛的数据来源，这样才能够吸引客户使用。在这之前，联邦学习本身会从底层技术出发，严格把控各方数据在使用过程中的安全性和隐私性，然后建立统一的行业标准，最后从金融领域拓展到其他行业。

（3）应用价值

在银行业务场景中，风险性是金融产品定价的重要参考因素，而基于联邦学习的风险量化可以凭借数据的维度拓展和特征拼接，显著提升风险量化能力，进一步提升银行对于社会大众的服务价值。

借助联邦学习，银行业的海量数据将能够以安全的方式与税务、公安、社保、劳动、环境保护、安全生产等数据进行共同训练，通过建立在银行行业数据和政府数据打通基础上的征信系统，能够打破不同行业的数据孤岛，促进社会运行机制的健康发展，并对社会、生活方式产生深刻影响。

7.1.2 联邦学习＋保险

自改革开放以来,我国保险业稳步前行,在高质量发展的道路上势头良好。承保业务恢复扩张,资产业务平稳前行,保险企业的偿付能力状况总体良好,公司治理风险处置有效。同时,得益于国家减税政策的落实,保险公司的投资收益和净利润普遍增长。据统计 [⊖] ,2019 年保险行业的净利润合计同比增长达 72.2%。

2020 年伊始,我国保险业受新冠肺炎疫情的影响明显,寿险和财产险的承保业务受到直接冲击。与此同时,由于我国保险产品普遍存在同质化竞争严重、服务模式单一、渠道成本偏高等问题,如何进一步完善保险市场业务的顶层设计,合理制定中长期布局和战略规划,充分利用以人工智能为代表的高新技术加快保险产业发展,是当前亟须认真思考和研究的问题。本节就主要针对联邦学习在保险场景中的应用展开探索。

1. 车险出险概率预测

（1）应用背景

随着车辆保有量的逐年增加,各保险公司的车险业务量也随之增加。根据车辆保险调查 [⊖] ,车险投保人中仅有 17.5% 的车主频发道路安全事故,而 82.5% 的安全驾驶车主却要通过承担保费的方式为这 17.5% 的车主埋单。因此,如何对被保险车辆进行准确的车险出险概率预测,以合理进行车辆承保、定价、服务项目等车险保险业务,是一个亟待解决的技术问题。

对于车辆的出险概率预测,一个较为准确且理想的方法是依据车辆的属性数据(如车辆品牌、型号、购车年限等)、车辆历史理赔数据以及车辆所有人的属性数据(如投保人年龄、婚姻状况、驾驶年龄、家庭成员、拥有车辆数量、受教育程度、职业、居住地等)。但是,由于这些数据涉及用户隐私且种类过于多样,分布在不同组织和机构

⊖　http://finance. sina. com. cn/stock/hkstock/hkstocknews/2020- 03- 30/doc- iimxxsth2694997. shtml? cre ＝tianyi &mod＝pcfinhkst&loc＝9&r＝0&rfunc＝100&tj＝none&tr＝1

⊖　江苏南亿迪纳数字科技有限公司 . 4S 集团车联网解决方案白皮书[DB/OL]. http://www. cpsdna. com/ article-611. html.

内且数据之间互不相通，这种预测车辆出险概率的构想实际落地非常困难。

（2）基于联邦学习的解决方案

针对这种隐私数据不能互通共享，导致车险出险概率预测效率较为低下的情况，可以引入联邦学习来解决。通过将车辆的属性数据、车辆历史理赔数据以及车辆所有人的属性数据共同作为出险概率预测模型的训练参数，通过样本对齐技术将每部分数据进行样本对齐并构建本地模型，再通过加密参数传输的方式传至中央服务器并进行联合训练来得到一个完整的出险概率预测模型。

在使用该模型进行目标车辆的出险概率预测时，只要将目标车辆的属性数据、车辆历史理赔数据以及车辆所有人的属性数据共同作为目标车辆出险概率预测的预测参数（输入参数），就可以通过模型输出目标车辆对应的出险概率预测结果。全流程如图 7-6 所示。

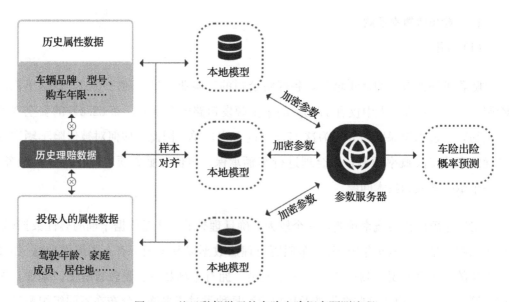

图 7-6 基于联邦学习的车险出险概率预测流程

（3）应用价值

这种引入了联邦学习的车险出险概率预测方法，在不牺牲各方本地数据隐私、数据不出本地的前提下，联合各方数据进行训练，包括车辆的属性数据、车辆历史理赔数据以及车辆所有人的属性数据，进行车辆出险概率的预测，使得车辆出险概率的预测结果更加准确，进而使车辆承保、定价更加合理。

2. 个性化健康险定制

（1）应用背景

近年来，我国原保费收入的整体结构大致稳定，主要以人身险为主，其比例约占整体保费规模的七成。而我国人身险企业的保障型业务以寿险业务为主。据统计，2020 年寿险、健康险、意外险占人身险保费收入的比例分别为 77.1%、21.07% 和 1.83%（见图 7-7）。不过，寿险在人身险中占比虽然最高，但已经出现下降的势头；而随着国内老龄化人口结构改变、医疗费用支出加剧，医疗健康险的占比呈现稳步提升的态势，近十年来已经由 7.12% 提升至 21.07%。可以预见的是，引发健康险需求最直接的因素就是人们对医疗健康的重视和人均收入的提升。

图 7-7　近十年人身险的占比统计

同时，在新冠肺炎疫情过后，健康保险类的需求预计会出现大幅增长，保险市场将被进一步激发。但在时代快速发展的今天，传统的健康险已经暴露出许多亟须解决的问题，如产品趋于同质化，健康险定制时缺乏多维度数据支撑，数据难以获取，用户的隐私安全难以保证，用户匹配健康困难，交互性弱等，导致个性化健康险定制提升的推进过程十分缓慢。

（2）基于联邦学习的解决方案

针对上述痛点，可以在个性化健康险定制的过程中引入联邦学习技术。通过联邦学习框架，获取客户通过智能穿戴设备或其他可探知客户健康数据的客户端上传的生活数据、客户的健康数据及定位数据，并对定位数据进行分析得到对应的场所名称，获取客户保单信息中的基本信息及投保险种，接着按照预定的分析规则来分析客户基本信息、生活数据、健康数据及场所名称，得到客户的投保险种的出险概率，然后将以上所有信息集合成本地模型并进行训练，将训练数据加密传输至中央服务器（个人的健康数据不上传），中央服务器联合并共享各方数据训练模型输出的加密信息，各本地模型根据共享信息完成自我更新。当获取到某一特定客户的健康数据时，就可预测其健康险出险概率与承保类型，并完成其健康险的私人订制。

（3）应用价值

健康险作为我国基本医疗体系下的重要组成部分，是我国多层次医疗体系的关键部署领域。而新的交互式健康险系统，即使用联邦学习技术定制的健康险，联合了多方各维度数据源建模，解决了数据孤岛问题。它既能够保障数据隐私安全，又可以为保险公司提供健康险精准推荐方案，帮助保险公司更好地理解客户，提升健康险与客户的交互性，降低自身的风险。此外，这种个性化健康险定制还能够在核保期持续监测客户的风险状况，从而确定承保类型满足核保对于时效性和准确性的要求。实现健康险的精准营销和动态定价，能够激励客户养成健康的生活习惯，强化民众的保障意识，带动保险需求提升，进一步推动新险种、新产品的开发，为保险业带来更广阔的展业空间。

7.1.3　联邦学习＋投资

随着机器学习、自然语言处理、生物鉴权等 AI 技术逐渐被应用到业务中，智能投研、智能投资顾问等系统在辅助金融从业人员提高工作效率方面的效果日渐显现。然而，投资行业面临有效数据不足、训练样本小的问题，利用联邦学习技术可以很好地解决这些问题。

（1）应用背景

与银行业相似，投资行业中的用户信用风险评级、异常交易检测、智能客服等应用场景同样需要获取更多的数据价值，从而为用户提供更精准的服务。在监管政策持续加码，以及公众理财需求日益多样和普惠金融持续推动的趋势下，如何在提供可靠的智能投资顾问服务的同时保证用户隐私安全成为投资行业智能化发展的重要挑战。在行业创新和市场需求的双驱动下，投资行业在结合人工智能，发展智能授信系统、风控系统、获客系统的同时，又受限于隐私保护政策，无法与其他行业和机构整合数据，这就导致无法最大化利用数据的价值，为客户提供最佳的投资理财建议。作为不用接触数据就能够充分利用数据价值的技术，联邦学习非常适用于极其重视数据保护的领域。

投资行业的数据周期可以简单划分为数据源、数据流通和数据应用三个部分。其中，在往常的数据流通部分，普遍存在一些大数据公司通过爬取技术抓取数据后进行灰色倒卖的现象。这无疑侵犯了用户隐私，且存在触犯法律的风险。国家开始逐步出台禁止企业泄露和篡改用户数据的政策后，能够实现数据"可用不可见"的联邦学习技术就成为新的数据流通渠道和入口。联邦学习技术能够对上游的数据源、下游各行业用户的需求应用进行数据调用与对接匹配。

（2）基于联邦学习的解决方案
①基于联邦学习的智能投研系统

中国资产管理市场发展前景广阔，而这对投资研究、资产管理等金融服务的效率与质量提出了较高要求。智能投研以数据为基础，以算法逻辑为核心，利用人工智能技术，由机器完成投资信息获取、数据处理、量化分析、研究报告撰写及风险提示等任务，辅助金融分析师、投资人、基金经理等专业人员进行投资研究[⊖]。然而各上市公司、智库和研究机构之间存在着数据壁垒，且传统投研流程中存在数据获取难、研究稳定性差等问题，这就需要扩大信息渠道并提升知识提取及分析效率。很多重要的数据和信息是无法共享的，而使用联邦学习技术可以在保证各方数据不上传云端的情况下，最大程度发挥这些数据的价值，生成更加高效的算法模型，为投资领域服务提供技术支撑。

对于智能资产管理，过去数据来源较为单一，因为存在对于数据泄露的担忧，不同机构之间无法实现交易数据互通。通过可信赖的联邦学习，能够汇集数据。具体来说，就是基于联邦学习技术进行机器学习/深度学习，这样就能在保证数据安全的条件下，联合各方不同来源的结构化或非结构化数据进行训练，获取最优模型，进行走势预测、风险控制等。通过联邦学习，汇集不同参与方的海量金融交易数据，可以帮助投资机构从数据中发掘更多有效信息，并根据预测做出相应决策，比如智能量化交易能够使用深度学习技术进行回测，对投资策略进行自动调整，而基金、证券行业可以通过联邦学习获取更多维度的特征，从而进行更加精准的市场走势预测。相比传统量化交易，应用联邦学习技术的智能投研在非系统性风险防范、非理性选择的市场波动规避和确定性收益获取等方面更具有竞争优势。

②基于联邦学习的智能投顾系统

近年来，国家大力发展普惠金融，客户下沉是银行和投资领域的必然选择。通过人工智能技术可将科技和数据的力量转化为生产力，从而使服务下沉到长尾客户。结合联邦学习的智能投资顾问（投顾）系统（见图7-8）可以运用合适的资产分散投资策略，提供个性化的投顾方案，大大降低财富管理服务的门槛。投资机构能够在节省人力资源的同时，扩大财富管理服务覆盖面并保证数据使用合规。

⊖ 引自艾瑞咨询的报告《2018 年中国人工智能＋金融行业研究报告》，地址为 http://report.iresearch.cn/report_pdf.aspx? id＝3295。

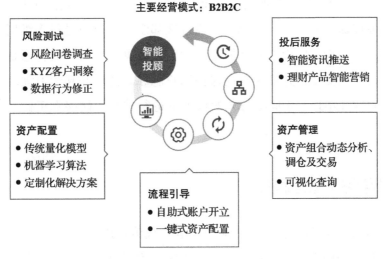

图 7-8　智能投顾系统的业务流程

智能投顾系统的业务流程可以分为风险测试、资产配置、资产管理和投后服务。其中，客户投资风险测试部分现有的主要测试方式为风险问卷调查，但这种方法存在客户回答不准确而导致评估出现偏差的情况。针对这种情况，可以利用联邦学习，使投顾机构与银行及其他金融机构等互信方联合训练模型，获得更为准确的客户投资画像。针对资产配置环节，由于资本市场产品多样且复杂，因此资产和资金管理方面具有较多难点。通过联邦学习网络平台，可以改善资产配置中的信息不对称现象，结合可信计算、区块链等技术，联合反欺诈风险预警系统，对资本产品进行实时监控，降低人为操作风险，保证数据安全。

（3）应用价值

联邦学习联合安全多方计算、加密算法等技术，能够解决投资行业有效数据不足、训练样本小的问题。通常情况下，人工智能需要大规模的有效数据进行模型训练，才能取得较好的效果。但由于投资行业对于数据的敏感性较高，不同金融机构甚至相同机构的不同部门之间的数据互通都有很大阻碍，这就导致模型训练时无法获取足够大的样本量。而联邦学习可以保证数据不出本地，各参与方仅需上传训练参数，从而提高了数据来源的多样性。联邦学习还可以助力跨域合作，通过获取更加多样化的本地数据来优化全局模型，从而合理地预防和规避投资行业存在的或潜在的风险，为金融领域的持续发展提供重要的保障机制。通过联邦学习对用户进行多维度、多层次的信用风险分析，使投资机构有效掌握全面的信息数据，从而为其普惠金融服务提供有力的数据分析和支持，并最大程度保护用户隐私。使用联邦学习训练模型的过程中，数据只存储在本地，不同参与方的数据不进行共享，能够真正做到"数据不可见但可用"。

7.2 联邦学习＋智慧医疗

5G、大数据、人工智能、工业互联网等新一代信息技术持续推动着信息通信行业与医疗卫生机构的密切合作，将加快智慧医疗中远程会诊、智能影像辅助诊断等应用的落地。然而，由于医疗信息涉及大量患者的隐私，各医疗机构间难以共享这些高度敏感的信息，所以医疗领域中 AI 与数据的结合变得尤为困难。联邦学习技术的运用将对医疗产业发展起到关键的推动作用，下面就基于联邦学习的解决方案展开详细介绍。

7.2.1 联邦学习＋医疗影像诊断

在医疗领域，人工智能同样有着巨大的潜力和市场。例如，医学影像 AI 识别能够帮助医生提高对病患部位定位、病灶诊断的准确率。然而，识别效果的提升需要大量的数据来训练模型。面对受到严格保护的患者隐私数据，我们可以引入联邦学习技术，在不共享患者数据的情况下联合多个机构进行协作，从根本上解决数据流通和模型训练的问题。

（1）应用背景

医疗影像是辅助医生诊断的工具，有数据显示，70％的临床诊断需要借助专业的医学影像。在临床影像识别与诊断中，通常会由不同医生综合参考影像特征、患者年龄、病史记录等信息，给出精准的综合判断和识别结果。不过，在患者检查前准备不充分、影像诊断资料不完整的情况下，难免漏诊误诊。公开数据显示，中国每年的影像误诊人数约为 5700 万。

人工智能，尤其是深度学习，已经成为计算机辅助医疗应用的一项重要技术。目前已有技术能够通过建立人体器官模型及深度神经网络，实现对病灶的高识别率。通常医生需要30分钟解读的影像片子，AI仅需几秒即可识别与诊断，如对胸部CT的异常部位进行快速定位与智能分析。为了获得准确的深度学习模型，在其训练过程中需要大量的病灶样本数据进行特征映射和参数调整。然而医院受本地数据样本不足的限制，以及跨域共享又存在病患隐私泄露的风险，模型应用后对于疾病的成因、演变的识别率并不高。

同时，在医疗相关应用中，收集医疗影像相关的训练数据是一项非常大的挑战，因为患者隐私受到严格保护，不能轻易共享。

（2）基于联邦学习的解决方案

在严格的法律监督背景下，病患医疗数据的收集和流通变得愈发困难，这一问题可以引入联邦学习技术来解决。通过联邦学习技术，医疗机构根据中央协调或异构平台的联合建模方式，实现模型参数信息的流通和共享，从而打破医疗"数据孤岛"，在有效保护病人隐私的同时获得更高精度的诊断模型。

具体来说，就是以数据隐私为重点考量，通过联邦学习实现在不泄露患者隐私的前提下，进行协作与分散化的神经网络训练。各节点建立本地数据库，每个数据库中包含多个样本，每个样本包含一个患者的病理特征（如医疗影像、疾病出现条件、症状严重程度等）和诊疗结果（医生针对患者病情给出的诊断结果、治疗方案及恢复建议等）。本地数据库建立完成后，每个节点负责采用三维卷积神经网络（3D-CNN）、全卷积网络（FCN）等技术加密训练其自身的本地模型，通过对数据进行特征提取和向量化处理，得到病理特征向量和诊疗结果向量，并异步提交给调度服务器。服务器不间断地收集和聚合各自的参数，进而构建一个全局模型，然后与所有节点共享。在这个过程中，训练数据对每个节点都是私有的，在学习过程中不会被共享，仅仅共享或者更新模型的可训练权重，从而保持患者数据的私密性（整体流程如图7-9所示）。因此，联邦学习可以有效解决医疗影像方面的数据安全挑战，它支持多医院相互协作，可充分发挥出医疗数据的应用价值。

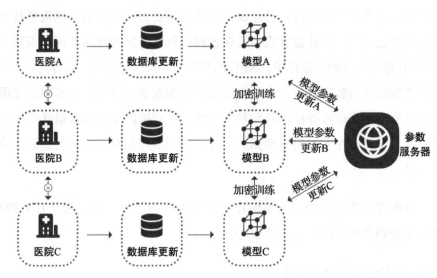

图 7-9 基于联邦学习的医疗影像诊断体系示意图

（3）应用价值

这种基于联邦学习技术的医疗影像诊断体系能够打破现有的医学 AI 应用模式，实现不同医院之间的医学影像数据互通共享。该体系在促进优质医疗服务下沉的同时，将联邦学习与医院业务的医疗影像诊断场景深度融合，以提高处理影像资料的速度，提高判断准确率，提升诊疗效率，从而极大提高影像诊断质量和基层医疗服务水平，提升医师效率，降低漏诊率，部分缓解当前基层医院中影像诊断医师人才紧缺带来的看病难问题，最终满足群众就近、便捷、经济、高效看病就医的服务需求。

7.2.2 联邦学习＋疾病风险预测

随着医疗信息化的高速发展，充分利用先验医学知识及大数据对于提升医疗精准化而言越来越重要。同时，我国医疗健康数据长期存在"数据孤岛"问题，甚至同一地区不同医院间的医疗数据都无法互联，也没有统一的数据共享标准。因此，基于联邦学习技术，建立一种预测准确度高、适用于临床诊疗的疾病风险预测模型十分必要。

（1）应用背景

在医学研究领域中，疾病风险预测模型常被用来预测某种疾病在未来发病的可能性。它是以疾病的多病因素为先验条件，通过建立统计模型来预测具有某些特征的人群在未来某种事件下或时间范围内患病的概率。具体来说，该预测既包括判断疾病的特定后果，也包括提供时间线索，如预测某段时间内发生的某种症结。早发现、早诊断、早治疗是改善疾病的前提，也是患者生活质量的保障，是医患双方进行康复治疗的首要目标。精准医疗的核心就是能准确预测患者的疾病风险，进而有针对性地对康复项目进行调整，达到康复速度快、康复效果优的目的。

近年来，随着医疗信息化的发展，医院积累了大量健康医疗数据，而深度学习技术凭借其强大的应用能力在各行各业中都取得了令人瞩目的成就，从而引起了世界范围内的广泛关注与讨论。更好地利用这些大数据及先验医学知识，通过深度学习技术，提供精准医疗的决策是医院现阶段所需要做的。深度学习技术有助于实现从数据量到数据洞察力的跨越，帮助临床医生发掘隐藏的疾病风险，但到目前为止，在国内，深度学习技术在疾病风险预测方面的应用还少之又少。国内几乎没有可用于疾病风险预测的智能模型，且我国医疗健康领域长期存在"数据孤岛"问题，因此，业界很有必要建立一种打破"数据孤岛"现象、预测准确度高、适用于临床医生应用的疾病风险预测模型。

（2）基于联邦学习的解决方案

针对现有健康医疗数据不能共享、无法准确预测疾病风险等问题，可以引入联邦学习技术来解决。它可以在本地医院端加密患者样本，通过加密协议在各方传递加密之后的模型梯度等参数信息，各个医疗机构通过对这些全局下发的加密信息进行客户端解密，实现模型参数更新，从而在保证双方原始数据不被暴露的前提下，联合双方患者特征进行疾病预测模型的训练。

具体来说，由服务方先为参与联邦生态的本地医院构建与分发多种初始模型，如机器学习模型、深度学习模型、文本特征抽取模型等。参与方可以依据各自所在地区的居民电子病历、居民个人健康数据进行信息抽取和多重关联，并加注带有时间戳的重大慢性病标签(如高血压、肿瘤、糖尿病等)以及理疗特征(如病症、用药、费用、家庭病史等)，从而建立本地医院的统一数据标准以用于形成疾病标签集与特征集。进一步地，参与方通常会标准与归一化处理疾病预测模型所需特征，按照各方提前统一的标准清洗自有数据，形成标准化的疾病标签集与医疗特征集，并基于联邦学习聚合算法及链路中的加密安全通信，构建出有效的联邦模型。

有了疾病风险预测模型，临床医生在输入患者健康医疗数据后，即可预测其在未来某个时间段内的病症概率走势，如预测慢性炎症的癌变风险、疾病恶化程度、疗效与副反应等，进而参考预测结果，提前针对不同风险等级的患者人群进行康复训练或诊疗干预，实现个性化的精准治疗。流程如图 7-10 所示。

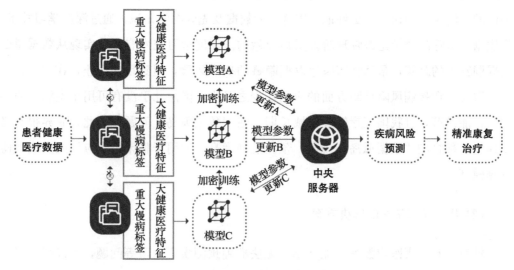

图 7-10　基于联邦学习技术的疾病风险预测流程图

（3）应用价值

这种基于联邦学习技术和先验医学知识的疾病风险预测体系成功解决了面向模型训练过程中的隐私保护难题，其提供的疾病预测结果可以帮助医生更好地决策并减少人为偏差，使医疗专业人员做出更加精准、及时的决策，同时也为医疗健康应用的快速落地，如分诊诊疗、慢病防控、癌症早筛等，提供了新的契机。

7.2.3　联邦学习＋药物挖掘

人工智能与药物挖掘的结合使得新药研发成本大幅降低，研发时间大幅缩短，而新药创制基地平台的逐渐完善也使医药服务业得以迅速发展。不过，目前医药领域仍存在研发周期长、不同机构间存在数据壁垒、高质量数据缺乏等问题，这对药物挖掘的开发形成一定阻碍。下面将介绍如何在药物挖掘方面应用联邦学习技术，在不暴露各方本地数据的情况下，提升药物开发成效，缩短新药上市周期，促使医药工业高效、可持续发展。

（1）应用背景

医疗健康产业以维护和促进人民群众身心健康为目标，有国外学者指出，医疗健康产业将会成为继 IT 产业之后的"全球第五波财富"。部分发达国家经济增长的主要动力就来自医疗健康产业，然而我国医疗健康产业远远落后于美国、加拿大及日本等发达国家，甚至落后于部分发展中国家。

进入 21 世纪，医药领域创新已成为衡量国家科技创新水平的重要标准，新药创制正在成为新一轮科技革命的核心，新药创制的能力和水平直接关系到能否更好地满足人民群众的用药需求，影响到民生问题。近年来，我国新药创制基地平台逐渐完善，医药服务业快速发展，生物医药企业的研发投入相较过去大幅提高，社会资本投融资活跃，但新药创制还存在很多亟待解决的问题，比如自主创新药物少，生物医药基础研究薄弱，生命科学基础研究与新药发现不能有机衔接，缺乏原创理论，核心技术与发达国家相比存在差距，关键试剂与装备依赖进口，产业整体水平相对滞后等。虽然机器学习技术可以在一定程度上缓解这些难题，但不同机构间数据质量存在差异，高质量数据缺乏等问题降低了机器学习的成效，而由于存在一些成本和法律问题以及缺乏激励机制，数据访问和共享受限，产生数据孤岛现象，对药物挖掘和开发形成了一定阻碍，降低了新药创制的速度和质量。

（2）基于联邦学习的解决方案

针对这种情况，可以在新药创制或者说药物挖掘过程中引入联邦学习技术。通过联邦学习框架，联合并共享各方药物挖掘数据，训练模型输出的加密信息，在此过程中结合虚拟合成进行算法建模，包括药物分子活性预测模块和药物分子活性筛选模块。药物分子活性预测模块包括分子训练阶段和分子预测阶段。分子训练阶段通过训练已知分子信息生成训练模型，分子预测阶段则通过将新分子信息输入训练模型中进行分子活性预测，然后通过药物分子活性筛选模块对分子活性进行筛选以确定药物分子的活性，实现药物挖掘。在此基础上共享各方模型训练所输出的加密信息，进行联合训练，可以直接从数据中提取信息，而不依赖于制式的规则方程。随着用于本地训练的样本数量的增加，模型可自适应地提升精度，从而实现用于新的治疗方案的新药创制。

除新药创制阶段，联邦学习还可用于药物开发的后两个阶段——临床前研究和临床试验中。临床前研究方面，在候选药物被用于人体试验前可以利用联邦学习技术联合各方数据，加强药物的临床前测试并预测其毒性。而药物开发的最后一个阶段临床试验是决定候选药物成败与否的重要节点，在此阶段可以利用联邦学习改进临床试验设计，包括打破机构之间的数据壁垒，进行患者选择和招募，以及通过机器学习技术识别出可能对某些药物反应更好的患者群体。全流程如图7-11所示。

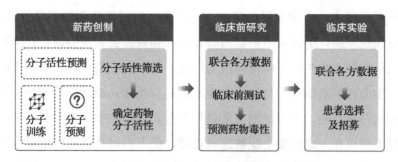

图 7-11　基于联邦学习的药物挖掘流程示意图

（3）应用价值

这种引入联邦学习技术的药物挖掘过程在不牺牲各方本地数据隐私的情况下，利用合成药物的化合物分子数据集对模型进行训练，引入结合药物分子活性预测模块和药物分子活性筛选模块进行建模，使药物分子信息的探索更高效，增加了分子活性预测的准确率，极大提升了药物开发的效率和效果，缩短了新药上市的时间，降低了开发成本，促进了医药工业的快速、健康和可持续发展。

7.2.4 联邦学习＋医护资源配置

近年来，智慧医疗快速发展，人们看病、买药不用出门，智能助手帮助医生筛查病患，在医疗资源配置得到优化的同时，为医患双方提供了更多便利。但是，医护资源布局失衡、地区之间分配不合理、内部管理滞后等情况仍然是当前医疗行业的痛点，这会导致医院无法根据医护工作量及工作时间来合理安排、分层配置医护人员。下面将介绍通过在医护场景下引入联邦学习技术，达到优化医护资源配置的最终目的。

（1）应用背景

随着人口平均寿命的增长和人口老龄化的加速，全国各类医疗卫生机构的入园人数不断增加（见图7-12）。相应地，人们对医疗护理机构中公平合理的医护资源配置的需求也不断增长。医护资源配置是指各医疗机构使医护资源公平且有效率地在不同科

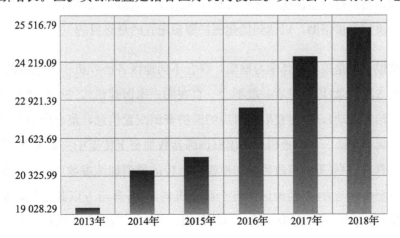

图7-12　2013—2018年各类医疗卫生机构入院人数

图源：国家统计局，单位：万人。

室、项目、人群中分配，从而实现医护资源的效益最大化。医护人力结构是否合理，数量是否充足，质量是否合格，管理是否得当，直接影响医疗服务的质量和效益。当医护资源配置不合理，如医护人员数量不足时，容易造成医护人员身体健康状况下降，职业满意度降低，护理质量降低，患者的负性结果升高，医护人员自身的职业倦怠感加重；而当医护资源架构不合理时，容易造成患者给药差错发生率、伤口感染率、疾病复发率、死亡率上升，患者平均住院时间延长等。

如在急诊科（ED）和重症监护病房（ICU）中，提高医护质量、减少患者等待时间、提高总体患者满意度都是非常重要的。目前有一个概念叫作"寄宿制"，也就是将重症患者暂时留在其所在的科室位置（如急诊室或麻醉室），等待可用的 ICU 床位，这无疑会出现因为医护资源配置不合理，患者住院时间（LOS）延长、死亡率上升等问题。尤其是当发生不可控的自然灾难或疾病大流行时，大量重症患者的出现对医护资源的系统管理及配置提出了更高的要求。

（2）基于联邦学习的解决方案

针对这种无法预测患者入院规律，致使医疗机构无法实现医护资源配置最优的情况，可以引入联邦学习框架，突破不同地区间各医疗机构的数据壁垒，联合各医疗机构中的本地模型进行模型训练，最终实现输入患者信息就可以精准预测患者入院规律，为医院后续决策提供帮助，以达到优化医护资源配置的最终目的。

具体来说，就是采用联邦学习框架，联合不同地区各医疗机构中患者的健康信息、诊疗信息及入院记录（因为患者一般不会一直在同一家医疗机构进行健康体检、疾病诊疗、入院医治等活动），同时获取相对应的医护资源配置信息，集合所有信息至各本地模型，进行模型训练。各本地模型将模型训练参数加密上传至中央服务器（不会上传患者的个人信息），中央服务器收到各本地模型上传的模型训练参数后，对参数进行聚合并加密共享至各参与方（不同地区的各个医疗机构），各参与方以此为基础更新本地模型。如此反复，直到模型逐步收敛，训练结束。最终，当患者在预约挂号时输入个人信息，其就诊医疗机构就可以根据患者个人信息预测其所需医护资源，进而提前部署，完成医护资源的配置。

（3）应用价值

这种引入联邦学习技术的医护资源配置流程完全适应了"以患者为中心"的护理模式，从患者实际的医护需求出发，在不泄露患者健康数据及医疗数据隐私的情况下，利用联邦学习技术联合多个来源的患者入院记录及对应的医护资源配置信息，通过模型训练及优化研究患者入院规律，帮助医疗机构预测接下来一段时间内入院患者的情况，进而根据患者病情和实际医护工作量、工作时间来分层配置护理人员，改变医院实际调动策略，使医疗机构能够更好地匹配患者需求，实现医护资源最优配置。

7.3 联邦学习+智慧城市

随着数字经济向纵深发展，智慧城市建设渐渐进入全面感知、万物互联、协同运作、智能运营的新阶段。作为未来城市发展的趋势，智慧城市建设既是国家大数据战略的组成部分，也是5G、物联网、云计算、大数据等技术的前沿阵地。在包括零售、交通、物流、政府、安防在内的智慧城市场景中，存在数据利用率低、模型精确度低等问题，下面基于联邦学习技术给出这些问题的解决方案。

7.3.1 联邦学习+零售

在国家政策支持与互联网技术快速发展的背景下，新零售吹响了零售革命的号角。在5G、人工智能、大数据等信息技术的驱动下，商家开始运用模型预测结果来指导广告投放、商品个性化推荐、商品定价等。不过，各企业、机构单纯的数据融合是无法保障数据安全和用户隐私的，解决这些问题成为实现数字化新零售的重点。下面将结合联邦学习技术来有效解决这一系列难题，在合法合规的前提下助力新零售发展。

（1）应用背景

随着我国经济的持续发展，居民生活水平日益提高，并逐渐开始进行消费升级，改变消费结构。服务型消费开始占据主流需求，对零售业造成了一定的冲击。国家统计局数据显示，2019 年社会消费品零售额比上年增长 8%，涨幅减小。2020 年每月零售总额虽然保有增长态势，但仍未达到前一年同期水准。传统零售企业，如沃尔玛、永辉超市等，只拥有本地门店消费记录，无法整体把握行业态势，以至于无法准确及时地调整销售战略。为寻求破局，新零售被提出。

当前的新零售合作架构如图 7-13 所示。多方合作基于数据层面，在数据汇总之后训练预测模型，用来指导广告投放、个性化推荐、商品定价和销量预测等。但是在这种方案下，各合作方可以拿到其他方非常详细甚至到原始层面的消费数据。显然，单纯的数据融合不满足法律法规要求，无法有效保证数据的安全和隐私。因此，如何突破这些问题就成为实现数字化新零售的重点。

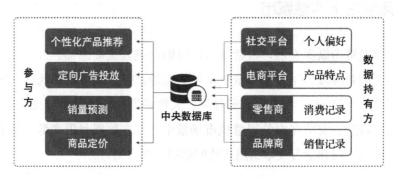

图 7-13　目前商家洞察系统架构

（2）基于联邦学习的解决方案

现拟建立基于联邦学习的商家洞察系统，其结构如图 7-14 所示。在这一智慧零售场景中，有 4 个数据持有方：**社交平台**，拥有用户个性化特征，比如用户关注的内容、浏览行为痕迹、参与的话题讨论等；**电商平台**，拥有用户详细的线上消费记录，比如在某个时间购买的商品种类、消费时间等；**零售商**和**品牌商**，拥有用户在本地的消费记录，比如用户的消费金额、购买的商品种类等。在联邦学习过程中，各方根据本地数据训练本地模型，然后与协调方通信以获得最新模型参数，并以此在本地做出调整。

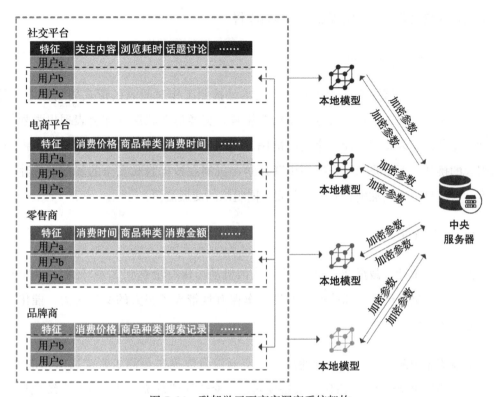

图 7-14 联邦学习下商家洞察系统架构

在联邦学习方案中,各数据持有方不需要提交数据,并且与协调方采用加密的方式通信,保证了本地数据的安全,降低了隐私泄露的风险。模型的训练与数据集息息相关,多方协作共同训练模型,实际上扩大了数据集的特征空间,根据更精细的用户特征训练得到更精准的模型。

(3)应用价值

在联邦学习方案下,各参与方都可以获得正向反馈:社交平台可以与品牌商合作,进行定向广告投放,从而实现流量变现;电商平台可以学习到用户的偏好和近期搜索,实现千人千面的个性化产品推荐;零售商可以根据销售模型进行销量预测和具体的商品定价;品牌商可以实现精准的广告投放,也可以实现精准营销。总之,参与方可以根据更精准的营销模型、推荐模型、销量预测模型等,优化本地体系结构,采用数据驱动商业战略决策，真正实现数字化的新零售。

7.3.2　联邦学习＋交通

理想情况下，城市交通的运营模式基本是按照工作时间表的形式周期性循环的。不过，受交通事故、恶劣天气等突发情况影响，交通运营状况往往会表现出强烈的随机性和复杂性，因此，设计一个实时准确、判断不可预见交通状况的流量预测模型具有很大的挑战。下面我们将介绍利用联邦学习机制在数据隐私安全的基础上构建全局深度学习模型，实现准确、实时地预测不同组织的交通流量。

（1）应用背景

据公安部统计，截至2019年年底，我国机动车保有量达到3.48亿辆，其中私家车保有量已突破2亿辆。如此庞大的机动车保有量带来了很大的交通压力，催化了智慧交通系统的发展。

交通流量预测（TFP）是一种使用历史交通流量数据来预测未来交通流量的方案，是部署智能城市交通系统（ITS）的关键要素，在交通管理系统、城市道路系统规划、在线导航等方面具有广泛应用。交通流量的特性使得预测工作充满挑战。交通流量是随机变化的，而且具有一定的周期性，比如根据工作日、非工作日有一定的重复性。同时，交通流量预测需要考虑交通流量的时空特性和基于路网的网状结构。此外，交通系统受各种外在因素的影响，不同路段、不同时间的交通流量之间相互关联，且表现出强烈的随机性和复杂性。

为了实现对交通流量的有效预测，神经网络方案被广泛应用，并且已经取得了一定的成果。神经网络采用"黑箱"式的学习方法，不需要任何经验公式就能从已有数据中自动归纳规则，获得良好的映射结果。不过，最终学习结果的优劣与原始数据集大小息息相关，数据不足会导致不好的预测结果。提供导航或车辆共享服务的公司为提高模型的精准度，在数据层面进行联合，但交通数据持有方分散且不统一的特性导致数据壁垒难以消除。例如，政府部门拥有道路摄像头捕获的数据集，共享出行企业拥有所属车辆行驶轨迹数据集等。现有方案只能在企业之间进行数据联合，且往往伴随安全风险。消除数据壁垒，在合法合规的前提下使用大量数据是交通流量预测领域的挑战。

（2）基于联邦学习的解决方案

在智慧交通场景中，可以采用联邦学习技术突破目前的交通流量预测瓶颈。政府、企业、公交站点等拥有不同的本地数据集，各数据持有方可在本地训练神经网络模型。通过联邦学习及其聚集机制，中央服务器内的神经网络聚集来自不同组织的模型参数，在隐私保护良好的条件下构建全局深度学习模型。在其数据回归能力的推动下，可以准确及时地预测不同组织的流量。

在现有云计算和大数据处理能力的加持下，新型交通流量预测可以提供实时服务，准确预估通过当前路段的时间，估算当前路口的车流量，进而优化出行路径。

（3）应用价值

各参与方采用引入了联邦学习技术的交通流量预测新方案实现多方面增益。在获得了精准的预测模型之后，政府部门就可以利用这个模型来改善交通系统：根据交通流量预测数据优化绿灯时长并实施信号控制，实现对红绿灯的控制；根据流量建模，加入交通需求管理技术，平衡城市的道路供需关系，规划应该新建的城市道路系统。公交公司可以根据模型更精准地预测下一站的到站时间，根据路口的流量判断当前时段乘客的大致数量与聚集区域，以调整运输战略。出行类企业可以及时判断目前出行需求较大的区域，对自己平台的网约车进行引流，从而平衡需求，均匀分配运载任务，提升车辆的调配效率，缩短乘客的等待时间和乘车时长。导航类企业可以根据这个模型提供更加精准的导航、更加准确的时间预测，从而提高用户黏性。

7.3.3 联邦学习＋物流

智慧物流是结合大数据、人工智能、云计算、物联网等技术，在仓库管理、分拣跟踪、配送运输等环节一体化、智能化的体现，它通常具备安全防控、识别感知、精准定位，甚至决策等功能，远比人工省时高效。然而，并不是所有商家都拥有庞大的物流体量，那么普通商家该如何实现销售风向预测，以动态调整仓库库存呢？下面将结合联邦学习技术来进行介绍。

（1）应用背景

仓库管理运用人工智能技术分析历史消费数据，以动态调整库存水平，保证企业存货的有序流通，在提升消费者满意度的同时，减少生产成本的浪费，保证企业能够持续进行高质量的生产活动。

销售数据是仓库管理的基础，企业需要通过训练历史数据来预测未来的销售动向。例如，大型企业旗下的自营店都有自己的独立仓库，这些自营店会根据当前消费者的消费动向推出一些优惠活动，以达到促进消费的目的。要做到准确预测是需要数据驱动的，阿里巴巴会把自家销售平台上的数据提供给自营店，然后在庞大的数据体系下寻找最近的销售风向标。然而，普通商家无法获得这种庞大的销售数据量支持，它们将如何进行销售风向预测，以动态调整仓库库存呢？

（2）基于联邦学习的解决方案

不具备大数据支持的企业保有本地销售记录，包括但不限于商品种类、买家地址、购买金额、购买时间等。由于这些记录涉及买家隐私，数据拥有者不能私自公开。基于这一前提，业务类型趋同的多方企业之间，可以利用横向联邦学习技术，扩大企业的销售记录样本空间，联合训练预测模型。

首先，企业参与方要对本地的销售交易数据进行统一前置清洗、去噪和分仓，使得数据源的量级和质量满足双方或多方的训练要求。同时，参与方需要在业务约定层面对齐数据样本，确保训练数据处于同一分布形态。其次，协作方可以采用中央联邦架构的形式发起联邦合作协议，将初始模型分发至参与方边端，并由他们结合本地的数据源完成联合建模训练（见图7-15）。在此期间，联邦过程只涉及多方加密参数的传输，以中间因子的形态发送至协作方进行加权聚合和分发返回，因此不存在参与方边端数据泄露的风险。

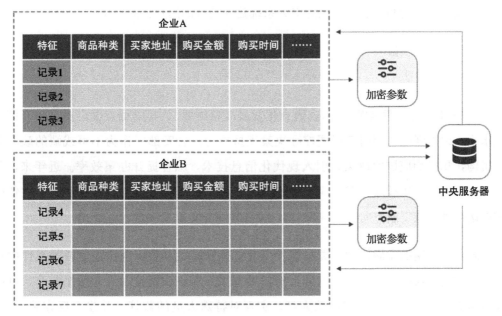

图 7-15　面向物流的联邦学习架构示意图

面向物流的联邦学习解决方案可以在大样本空间下获得比单独训练模型更精准的预测模型，从而准确预测消费者在接下来一段时间内的趋势与动向。企业因而可在本地对仓库内的库存进行相应的管控调整，实现存货的有序流通。同时，预测信息可为企业提供决策依据，帮助企业制定更贴合市场的运营方案。

（3）应用价值

参与联邦学习的销售企业只需要及时收集所有的基础销售数据，加入联合训练中，就可以准确预测在接下来一段时间内消费者的消费趋势与动向，并以此为依据，在本地对仓库内的库存进行相应的调整，实现存货的有序流通。

7.3.4　联邦学习＋政府

面对互联网的快速发展，国家正积极倡导以科技创新为引领，以平台建设为抓手，充分利用"互联网＋"和"AI＋"等高新技术，持续推进法治政府建设，着力提升政务服务能力。下面，我们将介绍如何利用联邦学习合理合规地解决公安部门声纹识别模型涉及的用户隐私问题，以及为电力系统建立精准的用户行为模型。

1. 声纹案件侦破

（1）应用背景

2016 年 7 月，我国发布《国家信息化发展战略纲要》，其中重点提出提高政府信息化水平，以增强政府部门宏观调控和决策支持能力。公安部门作为不可或缺的政府职能机构，积极响应国家政策，引入现代化信息技术，综合提升办案效率。近年来，公安部门不断完善指纹库、DNA 库、声纹库等生物特征库，利用高科技手段为案件侦破和诉讼活动提供了新方向。

随着互联网的发展，语音类案件发生率急速升高，声纹识别作为语音类案件中唯一有效的技术侦破手段，呈现出巨大的发展前景。声纹识别技术与大数据联合，可以通过提取语音信息及时锁定有关人员，实现对特殊人员的监管，并建立反诈骗平台，为刑事案件侦破提供线索，最终助力公安部门遏制和打击犯罪，构建安全的社会环境。但是，由于声纹不能像图像一样直接体现，容易受到外界噪声的影响，且存在短语音、信道失配等问题，加之不同场景下的不同背景音会导致识别结果产生较大的波动，如何有效提升声纹识别模型的精准性和稳定性一直是亟待解决的问题。

（2）基于联邦学习的解决方案

由于声纹识别所提取的特征涉及用户隐私，各持有声纹数据的企业或机构只能基于现有的本地数据集进行训练，但是识别模型的精准度取决于数据量的大小，因而在保证数据安全和隐私的前提下寻求多方合作是综合提升模型精准度的必经之路。

联邦学习技术在各参与方数据不出本地的前提下，在安全多方计算的环境中联合训练识别模型，可以有效突破目前声纹识别的困境。各公安部门只拥有各自所辖区域内的一些声纹库，并从中提取特征信息，包括共鸣方式、嗓音纯度、音高、音域、词法、韵律等。采用横向联邦学习技术，对不同地域的声纹库进行联合，保持参与方所提取的特征维度相同，扩大训练样本空间。此外，考虑到公安部门信息的隐私性，采用去中心化的服务架构，不需要第三方的参与，参与方只需要互相传递加密后的本地模型参数即可。

（3）应用价值

本方案在大样本空间下，对各公安部门的声纹识别模型进行优化，具有很大的实际意义。例如，在刑事案件侦破过程中，通过识别相关录音，在高精度模型下提取各特征要素，进入声纹库比对，可快速锁定嫌疑人，降低案件侦破难度。在 110 接警时，在报警人不方便透露具体信息的情况下，提取音频特征比对声纹库，精准定位报警人信息。此外，在精准声纹识别模型基础上建立反诈骗平台，同时建立黑名单声纹库和白名单声纹库，不断完善电信诈骗参与者的记录，构建更安全的社会生活环境。

2. 电力资源调度

（1）应用背景

自 2014 年《政府工作报告》首次提及 "大数据" 起，政府机构信息化大门被缓缓打开。电力是与人们生活息息相关的重要资源，人们对其信息化、智能化的探索从未停止。由于用电信息量庞大，传统电力系统在能源利用率和环保性上面临较大挑战。例如，对居民用电量预计不准确，预计过低会导致用电高峰期出现 "电荒" 的情况，而预计过高则会导致设备利用率低、造成能源浪费的现象。针对这些问题，大数据下的智能电网给出了解决方案。

智能电网是我国用电系统在信息化、智能化上的探索。它采集智能电表内存储的客户用电信息，并以之为依据做出电力系统能源规划和调度决策，从而提升电网整体运行效率。由于电网用户量庞大，数据集采用分布式存储。目前电网系统中的数据处理基于中心化的思想，各区域对数据信息进行预处理，之后再上传至总数据库中汇总。由于各区域数据的异构性，数据融合具有一定的难度。此外，跨区域的数据传输带来了巨大的通信成本，且用电数据记录了用户隐私，大量的传输伴随着数据泄露的风险。因此，如何在保证数据安全的前提下解决各区域数据异构难题、电力系统供电侧和需求侧的平衡难题，已然成为智能电网发展的瓶颈。

（2）基于联邦学习的解决方案

目前电力系统的需求是建立精准的用户行为模型，用以预测区域用电量，提高系统运行稳定性和效率。联邦学习技术可以在数据不出本地的前提下，加密联合训练综合模型，以提升各本地模型的准确性。因而，联邦学习技术和智能电网应用十分契合。

具体来说，不同区域只需要在获取本地的实时用户信息后加入联合训练中，协调方向各区域发放原始模型，然后各区域只需要在本地数据集的基础上对该模型进行训练，不必考虑其他区域的数据结构问题。接着，各区域将本地训练的模型参数加密传输至协调方，协调方联合计算所有区域的模型参数获得全局模型，再将全局参数传输回各区域。持续以上过程，直到模型满足终止条件。

（3）应用价值

采用联邦学习方案的电力系统既保证了各区域用电数据的安全和隐私，又保证了用户行为模型的准确性。在训练模型之前，不再需要预处理异构的大批量数据，大大提高了系统运行效率。在联合训练过程中，只需要传递各区域模型参数，降低了通信成本。此外，本方案为电力系统的联合提供了可拓展的新思路，在联邦学习技术的支持下，可以实现跨市联合、跨省联合等，不需要数据互通就可以在更大的数据空间下综合提升模型准确性，为电力调度提供决策支持，实现供电侧和需求侧平衡，最大化资源利用率。

7.3.5 联邦学习＋安防

在"大智云物移"等技术的驱动下，安防已从过去简单的防控逐渐演化成智能化、综合化的安防系统。不过，在智慧安防中的模型检测通常会采用集中式训练方案，这给本地数据安全和隐私带来严重威胁，而基于联邦学习技术可以大大改善这种状况，下面我们将详细介绍。

(1) 应用背景

自 2012 年我国住建部正式启动智慧城市试点以来,多个省市积极响应,明确提出组建机构以智慧城市建设为抓手推进城市高质量发展。目前,中国已经是建设智慧城市的大国。智慧安防是智慧城市中的重要一环,并被广泛运用在工厂建设中。传统的工厂安防主要通过在进出口处对人员安全防护进行监督,以保证严格的安全防护。通过摄像头捕捉基础信息并利用物理报警器来检测是否有事故发生。然而,这些方案不能及时有效地监督工厂内部的具体情况,因此,智慧安防开辟了新方案。

在智慧安防建设中,设计者提出了采用集中式训练的检测方案。集中式训练主要是集合多个工厂标注后的数据并将其传送到云端服务器,服务器在集合了所有参与方的数据后进行模型训练,之后再把聚合训练后的模型反馈给各参与方。这种方案的局限性十分明显,它将原始数据传送到云端,对本地数据安全和隐私造成威胁。当用户在积累新数据时,将数据传送到云端服务器,等待服务器训练后反馈新模型,这会导致滞后反馈。此外,来回传送数据会带来很大的通信成本。如何解决上述问题,实现准确及时的安全检测是新安防发展建设面临的重要挑战。

(2) 基于联邦学习的解决方案

联邦学习技术可以突破集中式训练的局限性,为智慧安防建设提供新思路。联邦学习可以在数据保存在本地的情况下发起联合训练,在保证数据安全和隐私的前提下达到与集中式训练相当甚至更好的模型训练效果。多个参与方在将自己的数据集进行标注、加入联邦图像识别模型后,开始进入联邦学习过程。本方案首先利用改进后的对象检测模型识别数据集中包含的边框和类别,然后通过加密算法加密所传输的模型信息,进行联邦聚合,聚合发生后产生更新的模型信息,向参与方反馈。此外,联邦学习过程可以引入奖励机制,吸引更多的参与方加入,从而促进联邦学习生态的形成。

危险防控目标识别的重点在于及时发现危险源并快速做出预警。本方案利用先进的识别模型在大样本空间下训练，提升了全局模型的速度与准确性。

（3）应用价值

本方案实施场景在工厂中，多家工厂联合训练，可以在保证数据信息不被泄露的前提下获得精准预测的模型，以提升危机响应效率和准确性。根据内部实际情况进行风险预测，从而实现提前预警。此外，通过摄像头的实时图像传输，保证内部工作人员防护合格，降低事故发生率。

7.4 联邦学习＋物联网

无论是智能汽车、智能住宅还是智能工厂互联，这些智能化技术的核心都是设备间的网络互联互通，即物联网（Internet of Thing，IoT）。近些年来，物联网与云技术、边缘计算、人工智能等技术结合，对实际应用问题进行分析和处理，如对设备进行智能化识别、定位、跟踪、监控及管理等，而这些都涉及在一个安全、合法的环境下进行大量数据传输。虽然现有技术已经能够突破算力上的限制，但物联网依然面临着一些与数据安全紧密相关的问题，比如由于竞争关系、隐私安全、审批流程等因素，数据在不同物联网节点之间的流通存在难以打破的壁垒，形成了"数据孤岛"问题，即便不同行业之间有意愿交换数据，也可能面临法规限制、竞争保护等诸多无法回避的问题。运用联邦学习技术可以很好地解决这些问题。

7.4.1 联邦学习＋车联网

目前，我国车联网产业在不断发展壮大，而 5G 的推出更是助推车联网加速"智行"，它可以有效解决车联网当前面临的延时高、通信慢等问题。然而在面对车联网中数据分配不均、资源不互通等问题时，各企业、机构仍然束手无策。下面我们将介绍利用联邦学习技术，在数据不出本地的情况下进行多方联合建模，打破企业间数据壁垒，更好地促进车联网的发展。

(1)应用背景

现阶段的车联网以 5G、人工智能和大数据等技术为核心,其目的是实现人、车、路的紧密结合,改善交通环境,提高资源利用率。用户在驾驶过程中,会产生大量的行车记录数据和用户驾驶行为数据,我们需要利用这些数据来提升模型性能,这对个人隐私保护、设备存储、通信质量等方面都提出了更高的要求。

现代交通系统中的车辆数量日渐增多,交通车道的使用分配不均衡、不同车道上车辆的拥堵程度差异大等问题愈发突出。实际上,汽车数量的增多是不可避免的,让车主提前知晓道路拥堵情况并选择最省时、快捷的出行方式才是当前解决堵塞问题的有效方法,而这就要求系统对车辆等候时间进行精准预测。此外,车辆间存在通信局限,车主们可能不愿意直接共享个人的车况数据和行驶状态,这就导致训练模型时无法使用每个共享个体的基础信息。

(2)基于联邦学习的解决方案

利用联邦学习技术,可以解决车联网中数据分配不均、资源不互通的问题。具体来说,可以利用联邦学习技术中的分布式学习机制,使训练数据在参与者之间去中心化分布而不是集中分布。以车辆排队延迟为例,可以利用联邦学习来高精度判断车辆队列分布,帮助有效缩短车辆队列长度,优化资源配置。其过程如下:首先参与方(用户端)将他们车辆的本地局部模型参数加密上传到服务器,然后由服务器进行参数聚合,最后把优化后的参数返回到用户端,从而实现优化用户本地模型的目的(见图 7-16)。

(3)应用价值

这种分布式学习机制使车辆用户可以在本地学习车辆队列分布,而不用共享实际的队列长度样本,减少了不必要的通信开销,优化了资源配置。同时,该方法可以保护各车辆用户的数据隐私,在数据不出本地的情况下进行多方联合建模,打破数据壁垒,帮助提升城市交通流的预测精度,减轻用户的出行压力,实现超可靠、低延迟的车载通信过程。

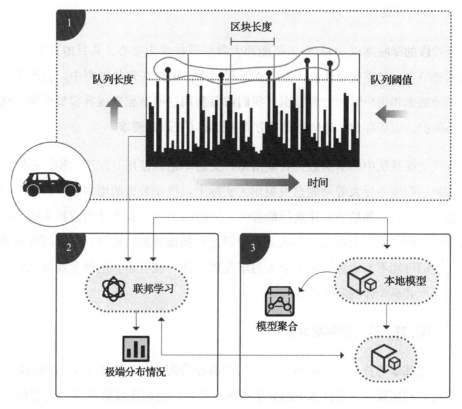

图 7-16　用户车辆队列分布的联邦学习流程

7.4.2　联邦学习＋智能家居

调查公司 Strategy Analytics 预计，2023 年全球智能家居的市场规模将达 1550 亿美元。面对这一极具诱惑力的市场空间，传统家居、家电、互联网科技等行业的巨头们纷纷入场，试图在智能家居领域抢占先机，占领市场。不过，在智能家居场景下，存在着数据异构、用户隐私安全等多重挑战，而结合联邦学习技术的解决方案是打破企业间数据壁垒的最有效途径。

（1）应用背景

物联网与家居的结合产生了智能家居的概念（见图 7-17），智能家居是以住宅为平台，利用物联网技术监测家居产品的位置、状态、变化并进行分析，最后反馈给用户。

智能家居综合了布线技术、网络通信技术、安全防范技术、自动控制技术、音视频技术等，将家居生活有关的设施进行集成，构建了一个高效的住宅设施与家庭日常事务的管理系统。现阶段 5G 通信技术的超高速率、极大容量、超低延时等优势，使得智能家居中设备之间的数据传输速度更快，感知更灵敏。因此，智能家居领域在 5G 时代会有更广阔的发展空间。

图 7-17　智能家居概念展示

智能家居产业爆发式的发展带来了许多亟待解决的重要问题：如何解决用户担心的信息安全漏洞问题？如何解决智能家居产品的数据异构性问题？如何解决智能产品用户体验不佳的问题？唯有在技术层面创新突破，才能使智能家居在各种变化和挑战中推陈出新，不断进化。

(2) 基于联邦学习的解决方案

智能家居管理着用户生活的方方面面，记录着用户的各种私人数据，所以对于智能家居而言，保护用户的隐私信息显得尤为重要。通过联邦学习技术，将不同智能家居品牌的用户特征与标签随机加密，采用差分隐私技术混淆各方数据，使对方或第三方仅能看到整体情况，而无法识别出数据中的信息，从而有效保护用户的信息安全。

另外，目前多数智能家居企业仍处于相互独立的状态，不同智能家居产品往往存在数据异构的问题，如数据类别不一致、标签不一致、维度不一致等，导致各家企业

间出现产品不兼容、系统不支持的尴尬局面，而传统的机器学习无法在异构数据上进
行学习。想要解决这个问题，就需要对各企业的智能家居产品数据进行联合建模，打
破企业间的数据壁垒。对此，我们可以基于纵向联邦学习，不用导出企业数据，就可
以将不同企业的产品数据、用户特征数据等进行多维度联合建模（见图7-18），其中涉
及的产品数据有语音遥控装置数据、监控报警装置数据、被控家电数据等，用户特征
数据有用户兴趣爱好数据、用户生活作息数据等。通过联邦学习的方式，可以将多维
度的数据联合起来，大大优化各企业的本地模型，以助推企业降本增效。

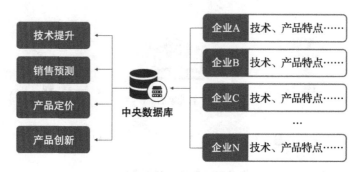

图 7-18　基于联邦学习的企业多维度数据建模

（3）应用价值

联邦学习中的数据建模使智能家居企业之间的数据孤岛得以连接，最大化自有数
据价值，增强企业的市场核心竞争力。而对于用户来说，数据共享建模符合数据安全
保护的原则，实现了多方协同，进一步提高了数据价值，最终使用户的信息安全得到
了保障，这对用户和企业而言是双赢的结果。

另外，合法合规地联合各智能家居企业的多维度数据并建模，可以获取更丰富的
数据样本，这对提升模型性能起到了重要作用。对于企业来说，通过联邦学习技术，
可以得到更高效的本地模型，以实现更准确的销售预测和产品定价，在有效节约研发
成本的同时，还可以进行技术创新，提升用户对智能家居的体验感和满意度，让更多
普通消费者体验到不一样的生活方式。

7.4.3　联邦学习＋可穿戴设备

可穿戴设备作为当前物联网产业中最大的消费类产品类型，在人工智能、云计算等技术的支撑下，为广大用户的日常生活带来了极大的便利。人们对于可穿戴设备的要求并不限于一般意义上的日常管理，而是希望它们能够进行实时健康监测，提供合理的医疗决策等。值得注意的是，用户已经逐渐意识到保护数据隐私安全的重要性，医疗机构、相关厂商对用户共享数据的获取变得愈发困难。同时，各机构间的数据存在壁垒。下面我们将具体介绍联邦学习技术是如何应用于可穿戴设备中的。

（1）应用背景

随着智能手环、智能手表等产品的相继问世，各种可穿戴设备极速聚焦了人们的视线（见图 7-19）。这些可穿戴设备可以记录用户的行动、心率、睡眠周期、饮食等，帮助用户自动分析身体健康状况。当用户发现身体健康指标异常时，可以做到早预防、早治疗，这在很大程度上提高了生活质量。

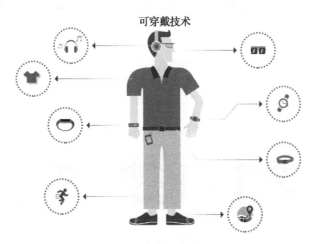

图 7-19　可穿戴设备概念展示

目前市面上的可穿戴设备在技术上还存在一些缺陷。第一，这些设备只能根据采集到的简单数据对单个用户的当前身体状态进行评估，而无法结合更多用户群体的多维体征信息，这使得可穿戴设备对用户未来健康状况的预测和提醒存在预测精度不高等问题；第二，在现代社会中，个人健康数据的隐私安全是非常重要的，而这些设备每天都会产生数量众多且形式多样的数据，无疑增加了数据泄露的风险；第三，即使希望通过大数据建模的手段对未来健康状况进行预测和提醒，但受制于数据量级，生成模型难以充分提取健康数据中的关键特征指标，导致健康预测模型难以投产应用。

（2）基于联邦学习的解决方案

针对这些问题，以及数据孤岛导致的模型诊断精准度不高等问题，在现有健康风险预测模型的基础上引入联邦学习技术，图 7-20 所示为健康风险预测模型流程图。首先，在设备中收到服务器下发的初始模型梯度进行学习，本地待训练模型以此更新初始模型的梯度，更新完成后，将学习模型梯度上传至服务器进行聚合（个人的健康数据不上传），当检测到本地待训练模型处于未收敛状态时，服务器将新的聚合模型梯度返回各本地端，继续迭代，直到检测到待训练模型处于收敛状态，结束训练。采用本方案可更精确地预测用户健康状态，在睡眠、饮食等方面给用户提供合理的健康指导意见，当用户的某一项指标超过阈值时，可以给出用户患有某类疾病可能性的提示，提醒用户尽快就医。

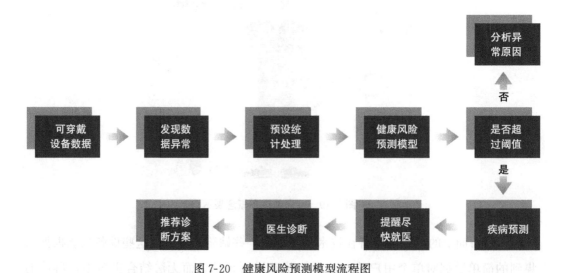

图 7-20   健康风险预测模型流程图

同时，联邦学习技术还可以基于用户的健康风险预测模型，与各医院数据库进行多维度的联邦迁移学习。当用户在就医时，将本地模型的疾病预测结果与医疗检测结果相结合，为医生推荐合适的诊断方案，帮助医生做出更加科学的医疗诊断，减轻医生的工作负担。不同用户的健康疾病预测结果可以间接为医院提供高质量的辅助参考医学数据，使医院各类疾病预测模型的参数得以优化。

（3）应用价值

设想在某一天，智能可穿戴设备根据异常数据快速预测出用户可能存在的疾病，提示用户身体可能出现了某种健康隐患，同时为用户预约医院。医生则根据检查报告单和智能可穿戴设备中的日常记录，给出全面专业的诊疗意见；用户可以根据专业意见，改变不良的饮食习惯或生活方式，从而达到健康生活的目的。

从医院的疾病预防研究角度来说，大量的用户数据有着非常高的价值，基于联邦学习的可穿戴设备能够在不泄露用户隐私的前提下，训练出更加优质的健康风险预测模型，从而在医生的诊断过程中发挥积极的辅助作用。

7.4.4　联邦学习＋机器人

随着云计算、大数据、物联网的发展，以及 5G 通信的落地应用，AI 机器人市场迎来一个发展小高峰。过去，AI 机器人在解决劳动力短缺和承担危险任务方面已经证明了自己的价值；而现在，AI 机器人慢慢从传统制造业和供应链/物流领域向外扩张，逐渐融入社会生活的方方面面（见图 7-21）。与过去相比，机器人与人的协作能力更上一个台阶。

现阶段，AI 机器人仍在很大程度上依赖于"人工"。众所周知，人工智能技术需要训练大量的数据，而数据需要人工标注，所以掌握越多高质量的数据，AI 机器人模型训练就越有优势，这就会出现一小部分掌握高质量数据企业垄断市场的情况；另外，现在的 AI 机器人还处于弱人工智能阶段，要达到强人工智能甚至超人工智能阶段，还有很长的路要走。同时，现代社会对于保护用户隐私的要求越来越高，公众的诉求和监管的要求造成了数据之间的交换不通、共享性差，导致模型训练无法达到预期的效

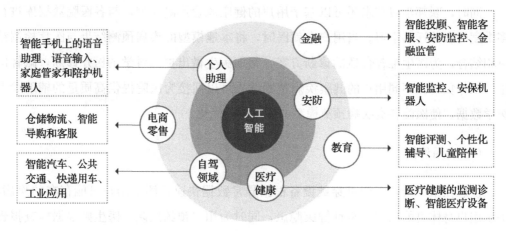

图 7-21 AI 机器人的主要应用领域

果。下面我们将通过几个案例说明如何结合联邦学习来解决上述问题。

1. 语音客服机器人(软件机器人)

(1) 应用背景

快速发展的网络平台使得人工客服的需求量越来越大,为了缓解人工客服坐席的压力,网络平台采用语音客服机器人代替人工客服,为客户提供智能问答服务。但是在实际应用过程中,不同客户所咨询的问题类型千差万别,即便对同一类型的问题进行咨询,也存在不同的表述方式;而且在进行多轮问答时,流程式的应答话术也总是答不对题,客户体验较差。也就是说,针对客户的多轮提问,语音客服机器人并没有从真正意义上解决问题。

要实现这个技术,还需要克服很多难题。比如,在对话过程中,机器人不单要理解每句话的意图,还要清楚了解整个对话线程的意图,这就离不开对询问对象的情感分析,而准确分辨出各种情绪(愉悦、急躁、不满等)是非常重要的一步;以此为基础,分析出客户的兴趣点,进而达成良好的多轮对话效果。除此之外,机器人还需要对对话内容进行多线程分析,当对话内容前后跳跃或是缺乏逻辑时,机器人需要分解逻辑,以便更好地理解。另外,虽然对话机器人这个垂直领域中拥有上亿用户,但数据作为一种必备资源,各平台往往不愿意互相共享。

（2）基于联邦学习的解决方案

众所周知，好的模型往往需要训练大量的数据，但一般高质量、有标签的数据占比较小。由于每个阶段所需数据存在差异，实时标注以形成好的训练数据集会花费很多人力，因此每个应用语音客服机器人平台的数据集都是有限的。如果各个平台仅基于本地数据训练，那么所产出的模型只能满足最基础的单轮对话功能，无法实现客观实际要求的多轮对话。那么，如何解决各平台数据无法共享的问题成为目前机器人训练提升的关键。

采用联邦学习技术可以解决以上难题。针对样本量不足的问题，可以应用横向联邦学习系统中的对等网络架构，在这种架构中，各参与方只负责使用本地数据来训练一个本地自动语音识别（ASR）模型，且各训练方使用安全链路相互传输模型梯度信息，保证任意两方之间的通信安全，迭代多轮，直到满足终止条件。在整个过程中，数据不出本地，保证了用户隐私不被泄露。当各个平台的数据可以在合法合规的前提下互联互通时，拥有一个上亿用户的垂直领域也就变得可行了。

（3）应用价值

通过联邦学习可以在大数据集空间下训练模型，丰富的数据样本能增强模型的性能，这样不仅得到的模型比在单一平台的数据集上训练得到的模型要好得多，也会为实现语音客服机器人的多轮对话技术带来重大突破。首先，来自各个平台的用户数据涉及非常敏感的隐私和安全问题，直接将这些数据收集在一起训练模型是不可行的，而联邦学习可以在不公开各参与方私有数据的情况下，允许所有的参与方协同合作，提升模型性能。其次，联邦学习解决方案可以帮助各平台扩展训练数据的样本量和特征空间，降低样本分布的差异性，改善模型的性能。总的来说，联邦学习解决方案利用"联邦学习＋人工智能"，用数据和科学提升业务效益，真正对大数据进行赋能并反哺个人和企业业务。

2. 人工智能教育机器人(硬件机器人)

(1) 应用背景

近年来，人工智能在教育领域发展迅猛，人工智能教育机器人一出现就吸引了不少家长的目光，他们期望通过多样化的功能达到寓教于乐的目的。不过，人工智能教育机器人是否真的如广告所说的那般智能，且经得起层层测试的考验？

其实不然，现阶段的教育机器人还存在很多缺陷，如存在接收信息慢、经常犯错、答非所问、操作失灵等问题，加之现代社会的教育体系更关注学生的全面发展、个性发展，学生们拥有不同的兴趣爱好和性格特征，因此如何抓住每个人的特点，为其定制个性化的学习方案是人工智能教育机器人需要攻克的重点难题。

(2) 基于联邦学习的解决方案

想要提升机器人的问答流畅性和准确率，需要有高效的自然语言处理模型支撑；想要让教育机器人根据孩子的特点进行个性化定制，需要机器人对知识点构成的整体知识图谱有深刻认知。而想要让机器人拥有这些能力，需要海量数据的支持来建立相应的模型。然而在大多数领域，数据是以孤岛的形式存在的，想要将学校的自适应教学系统与教育机器人的本地模型进行联合训练，来提高教育机器人个性化学习定制的能力，几乎是不可能的。

针对跨学科融合教学的问题，我们可以引入联邦学习机制建模，在保护各合作方数据不出库的前提下，安全合规地与学校各学科自适应教学系统进行联合建模，打破数据的壁垒。具体过程如下：

1) 根据学校各学科中的关键词建立关键词字典；

2) 根据关键词的出现顺序，对各年级各学科的教材进行处理，建立各年级各学科自适应教学系统的知识图谱，并且将知识图谱编码为一个具有较高表征能力的神经网络；

3) 利用多方安全技术对自适应教学系统的知识图谱参数和教育机器人的学习计划推荐模型参数进行加密，并上传至服务器，在服务器端对本地模型参数进行聚合联邦平均计算，整合构建成一个联合模型。

这种方法可以在不同数据分布上进行协同建模，训练出一个强大的通用学习计划推荐模型，在保障用户隐私不受侵犯的同时，可以很好地提升人工智能教育机器人的教育知识库。

而对于个性化定制学习的实现，AI 教育机器人可以利用联邦迁移学习，基于每个孩子个人移动设备（如智能手机、iPad、笔记本电脑等）中的日常学习数据，协作构建一个通用的学习计划推荐模型，如图 7-22 所示。该模型可以根据每个孩子的兴趣取向和技能特长，构建定制化、个性化的本地学习模型，实现真正意义上的靶向学习指导。

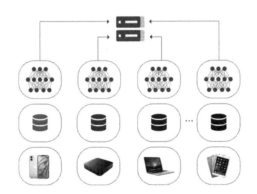

图 7-22　学习计划推荐模型结构图

（3）应用价值

这种联邦学习解决方案可以为人工智能教育机器人提供丰富的数据资源，在保护用户隐私的前提下，强化机器学习效果，辅助优化产品，加速其人性化、智能化的进程。另外，使用联邦学习技术可以让各个数据孤岛携手，训练一个更加高效的联合模型，让人工智能教育机器人实现真正的定制化教育，为学生提供一套科学系统的学习方案。

7.5　本章小结

随着人工智能和大数据的发展，如何在保护数据隐私安全的前提下提升算法性能是人们广泛关注和讨论的问题。联邦学习作为人工智能领域的风口，很好地解决了数据孤岛与隐私安全的双重难题。它可以在不同数据结构、不同机构间发挥作用，兼具模型质量无损、数据隐私安全的优势，同时具有广泛的应用场景。可以预见，联邦学习将成为机器学习进入新阶段的主要驱动技术。我们要不断进行联邦学习场景的研究和落地，真正将 AI 技术渗透到人们的日常生活中，为我国新基建提供强有力的技术支撑。

第四部分

拓　　展

第 **8** 章

联邦学习的延伸

联邦学习的概念一经提出，便因其"保护本地数据隐私，联合训练，共同获益"的核心思想而受到人工智能从业者的密切关注。由于联邦学习支持在保护数据安全与数据隐私的前提下进行人工智能模型联合训练，具有带动"数据孤岛"间合作、加速人工智能应用落地的高商业与社会价值，国内外各大企业纷纷投入对联邦学习的研究，并从不同角度出发提出了不同的联邦学习形态与框架。本章将通过对比现存的多种联邦学习的思路与框架，具体介绍目前产业界有关联邦学习的想法、思路及方案，帮助读者更全面地理解联邦学习。

8.1 联邦学习的布局

本节将具体介绍产业界的知名企业有关联邦学习的想法、思路及方案，包括企业如何定义联邦学习的概念，如何考虑联邦学习解决的痛点问题，主要关注联邦学习中哪方面的问题，给出了什么解决思路，以及提出了怎样的产品或框架，有哪些实际应用。本节最后会对比各企业的联邦学习思路及方案，希望帮助从业者建立对联邦学习产业界现状的总体认知。

8.1.1 Google 的联邦学习

Google 于 2016 年率先提出联邦学习的概念，希望以一种分布式的、数据不脱离设备本地的方式完成机器学习模型的训练并达到与传统集中式训练相近的模型效果。截至本书写作时，Google 所进行的探索和完成的工作大多是联邦学习起点性质的，许多联邦学习相关的研究与探索是基于 Google 的工作进行的。

1. 概念

联邦学习主要关注与传统机器学习的不同之处。与要求训练数据中心化的传统机器学习方法不同，它通过多个手机等移动设备的协作与交互进行模型训练，同时将所有训练数据保留在设备上，从而使机器学习的能力与将数据存储在云中的需求脱钩。

2. 工作方式

如图 8-1 所示，移动设备下载当前模型，并通过对本地数据的学习来改进和更新当前模型。之后，设备以加密通信的方式将此更新发送到云端，并与其他用户的更新进行加权平均，以改善共享模型。此过程将在多个移动设备上反复进行多轮。

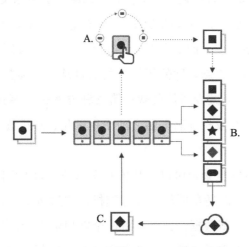

图 8-1　Google 联邦学习的工作方式 ⊖

⊖　Brendan McMahan，Daniel Ramage. Federated Learning：Collaborative Machine Learning without Centralized Training Data[EB/OL]. (2017-04-06)[2021-02-05]. https://ai. googleblog. com/2017/04/federated-learning-collaborative. html.

3. 核心问题及解决思路

深度学习中广泛使用的优化算法如随机梯度下降算法（SGD）是高度迭代的，这类算法需要低延迟、高吞吐量的训练数据连接，而联邦学习环境中，数据以高度不均匀的方式分布在数百万台设备上，这些设备具有较高的延迟和较低的吞吐量，并且存在断线失效的可能性，只能间歇地用于训练。因此，Google 的联邦学习核心问题可以归结为三点：如何以分布式高效完成模型的优化更新，如何减少设备间频繁通信对模型效率的影响，以及如何在保障加密上传的同时对于设备单点失效具有健壮性。

解决思路如下。

1）提出联合平均算法[一]（Federated Averaging algorithm，FedAvg）。其核心思想是，使用要求更少通信次数的优化算法将具有更高的效率。不同于 FedSGD 每轮在随机选择的客户端上进行一次梯度计算，该算法增加了每轮客户端的计算量，要求客户端在本地完成梯度的多次迭代优化后再上传，从而减少了训练模型所需的通信次数。

2）提出两种减少链路通信成本的方法[二]。其核心思想是，由于在通信过程中上传速度总是比下载速度慢很多，因此降低上传过程的通信负载会显著降低整体通信成本。第一种方法是结构化更新，即使用较少的变量从有限参数的空间中学习更新（例如低秩或随机掩码），从而减少通信负载；第二种方法是速写式更新，即仍然学习到完整的模型更新，但会在发送到服务器之前使用量化、随机旋转和子采样的方法对其进行压缩。

3）提出一种更新的安全聚合协议。其核心思想是，为了保障更新的机密性，在聚合时并不直接上传更新，而是在更新中添加随机数之后再上传，这样使得他人无法通过上传数据反推真实的更新数据。其中，每两个客户端都会商议一个随机数，这两个客户端分别在更新中加上和减去这个随机数以在聚合时抵消其影响，商议通过 Diffie-Hellman 密钥协商协议实现。不过，如果有客户端掉线，则其产生的随机数将不能在

　　㊀ McMahan, H. B., et al., Communication-Efficient Learning of Deep Networks from Decentralized Data. arXiv: 1602. 05629, 2016.
　　㊁ Konečný, J., et al., Federated Learning: Strategies for Improving Communication Efficiency. arXiv: 1610. 05492, 2016.

聚合过程中抵消。因此，为提升对于客户端掉线的健壮性，该协议使用一种叫"double-masking"的方式要求客户端分享其在 Diffie-Hellman 密钥协商过程中的秘密种子，以帮助在出现掉线问题后恢复随机数[⊖]。

4. 产品/服务

Google 的开源框架 TensorFlow Federated(TFF)提供了两组 API。一组是 Federated Learning (FL)API，这是一组较高级的接口，可以使用户较为轻易地以联邦学习的形式实现基于 TensorFlow 的多种机器学习模型，并且不必关心联邦学习的具体实现细节。另一组是 Federated Core (FC)API，这是一组较低级的接口，可以使用户在函数式编程中使用 TensorFlow 与分布式通信操作，这一接口主要用于鼓励用户验证新的联邦学习算法。

5. 应用方向

1) **设备上的搜索与排序**：通过使用基于联邦学习的谷歌 App，可以公开用于信息检索和应用中的导航搜索。具体来说，在设备上，用户会产生许多搜索查询和选择的潜在隐私信息，其中包含的与排序相关的特征信息会作为标记数据点，系统列表中也涵盖由用户产生的优先交互信息。通过联邦建模的方式，可以在隐私保护下实现用户搜索结果的置前排序，同时也能减少本地对服务器的请求调用次数。

2) **移动设备键盘输入内容建议**：在 Gboard 中，它会基于用户历史的输入行为数据，为用户后续的输入内容提供建议，比如与输入文本相关的搜索查询。通过联邦学习机制可以触发机器学习模型的建议功能，同时可以对上下文中涉及的建议条目进行排名。

3) **键盘输入的下一词预测**：谷歌已经将联邦学习应用至下一词预测。例如，Gboard 同时使用联邦学习平台训练递归神经网络(RNN)用于下一词预测，它通过学习用户输入习惯，在设备空闲时发起联邦训练，完成全局模型更新和局部调优。

⊖ Bonawitz, K., et al., Practical Secure Aggregation for Privacy Preserving Machine Learning. cryptoeprint: 2017: 281, 2017.

8.1.2 Facebook 的联邦学习

1. 概念

Facebook 于 2017 年推出了 PyTorch，它是同 TensorFlow 一样广泛使用的开源机器学习框架。面向联邦学习，Facebook 基于 PyTorch 在框架和算法层面进行了一定的实现。同时，Facebook AI Research(FAIR)针对 Google 联邦学习中的一些算法进行了优化和探索。

2. 工作方式

与 Google 的联邦学习方式相同。

3. 核心问题及解决思路

FAIR 目前关注到了 Google 联邦学习算法的两个问题：公平问题和参数聚合协议设计。具体来说，公平问题关注在大型网络中如果将优化目标仅仅设定为最小化聚合损失，可能会造成模型在某些特定设备上表现过差。例如，尽管模型的平均准确率很高，但在特定设备上很低。另外，Facebook 观察到了 Google 联邦学习在参数聚合协议 FedAvg 实际应用中的问题。FedAvg 没有完全解决与数据异构性有关的挑战，表现出了统计上的经验差异，同时难以提供理论上的收敛保证。比如，FedAvg 不允许参与的设备根据其系统性能约束执行可变数量的本地计算，而只是丢弃无法在指定时间内完成计算的设备，这隐式地增加了异质性，并有可能影响收敛。因此，Facebook 的优化关注两点：第一，能否改进优化目标，使得模型在各个设备之间的性能更加一致；第二，能否提出优化的参数聚合协议来解决数据异构性问题和保障收敛性。

解决思路如下。

1) 受到无线网络公平自愿分配工作的启发，Facebook 提出了一种新型联邦学习 q-Fair Federated Learning(q-FFL)⊖，通过改进优化目标，鼓励在联邦网络中跨设备进行

⊖ Li，T.，M. Sanjabi，and V. Smith，Fair Resource Allocation in Federated Learning. CoRR，2019. abs/1905. 10497.

更公平(更统一)的模型性能分配。q-FFL 的优化目标是，最小化加入 q 权重后的参数，其中有更高损失的设备会被给予更高的相对权重。

2) 提出 FedProx 优化算法，从理论上和经验上解决异构性的挑战[⊖]。由于丢弃训练中的落后者或简单合并落后者的部分信息都隐式地增加了统计异质性，并且可能对收敛行为产生不利影响，因此 Facebook 在优化目标上添加了一个修正项，该项提供了一种解释与落后者信息关联的方法。

8.1.3　联邦智能

如果将 Google 提出的联邦学习概念及相关技术问题(即以一种分布式的、数据不脱离设备本地的方式完成高性能机器学习模型的训练)定义为狭义的联邦学习，那么由笔者所提出的联邦智能则是一个更大的概念，涵盖从数据孤岛的问题出发涉及的所有核心机制，包括数据的收集、模型的训练、模型的应用价值、联邦参与者的动机等。

1. 概念

联邦智能是以联邦学习为核心，依托联邦数据部落，实现具备隐私保护的联邦推理，同时以联邦激励机制为纽带形成整个 AI 新生态，它包含分布式计算、安全通信、层级加密、可信计算、可视化等多个技术组件，涵盖联邦数据部落、联邦学习、联邦激励机制、联邦推理四大模块。

2. 工作方式

联邦智能平台会根据实际业务需要和法律法规的要求给出数据处理标准，并按照客户(个人、企业和政府)的具体需求和本地数据结构制定相应的模型联合方案。通过结合规范化的数据信息和初始模型进行联邦学习，最终得到高效、可用的联邦模型。

3. 核心问题及解决思路

联邦学习核心算法对模型性能、可靠性和安全性进行重点考虑，其关注的核心问

⊖　Sahu, A. K., et al., On the Convergence of Federated Optimization in Heterogeneous Networks. CoRR, 2018. abs/1812. 06127.

题可以总结成三点。第一，模型性能方面，参与方数据的非独立同分布情况会影响模型的性能表现。同时，参与联邦学习的用户可能不仅希望获得高性能的全局模型，还希望模型突出自己一方的个性化特征。第二，可靠性方面，参与者并不都完全满足诚实而好奇的假设，可能存在参与者试图使用无用的数据作弊，不对联合训练做出贡献却获得了最终的高质量模型。第三，安全性方面，目前联邦学习框架使用同态加密等技术保护传输的更新信息，但是就我国金融领域来说，目前对从业公司存在使用国密算法进行严格加密的要求，这是目前联邦学习框架所不满足的。

解决思路如下。

1) 针对模型性能问题和可靠性问题提出一种聚合方法，它可以增加局部模型的权重进行加权平均。其中，权重计算会依据参与方提交的局部模型验证准确率情况。这样的聚合实际上是利用其他客户有价值的数据来优化每个客户的模型。同时，权重的计算也可以在一定程度上对参与者的可靠性进行评判。

2) 针对不同的安全保障级别要求，提供不同等级的加密模式。对于加密要求严格的业务方，提供支持国密加密的加密模式。除此之外，支持差分隐私、同态加密、安全多方计算等多种隐私保护方式，依据不同业务场景进行不同选择。

4. 产品/服务

联邦智能平台聚焦于解决"数据孤岛"情况下数据不可共用的问题，将其应用发展方向定位于智慧金融、智慧医疗、智慧城市等，目前已经推出了动态保险定价、专属语音客服等多个场景的具体方案。这一平台主要提供联邦学习的基本框架，包括联邦学习全流程必需的多个模块，如数据预处理、数据特征化、数据质量评估等，这些模块在运算效率、加密保护和通信效率等方面进行了一些性能优化，且在联邦激励机制方面实现了量化论证。联邦智能平台支持多个机器学习和深度学习模型，相较于其他类似平台和框架，其最特别的是支持国密算法加密功能。

5. 应用方向

1) 智慧金融：联合笔者所在集团旗下银行与证券等公司的数据，基于纵向的联邦学习进行联合建模，在保障隐私安全合规的前提下，提升精准获客能力。

2) 智慧医疗：在保护患者隐私、医疗机构数据安全的前提下，联合利用分散在多个位置的医疗数据实现深度神经网络的联合训练，以帮助提供医疗诊断分析模型，提升医疗水平。

3) 智慧城市：为了在保护用户个人隐私数据的前提下优化物联网服务，为用户提供个性化体验，平台将个性化推荐/优化等模型的训练移动到边缘，根据用户的个人偏好设置，使用离线数据生成器的数据，保障物联网在不泄露用户隐私数据的前提下优化产品服务。

8.1.4　共享智能

蚂蚁集团主要关注数据孤岛的问题，并根据业界解决数据孤岛的常见思路提出了两种解决方案：基于可信硬件的方案与基于安全多方计算的方案。这就是其所提出的共享智能的两种思路，其中，基于安全多方计算方案的工作方式有些类似于联邦学习的训练过程。不过，蚂蚁集团的观点是，联邦学习只是基于安全多方计算的数据孤岛解决方案之一。

1. 概念

蚂蚁集团的共享智能 ⊖ 聚焦于金融行业的业务场景特性，针对多方参与且各数据提供方与平台方互不信任的场景，结合硬件保障的可信执行环境与安全多方计算的协议设计，确保多方在使用数据共享学习的同时，能保障用户隐私不被泄露且数据使用行为可控。共享智能的特性有三点：整合多种安全计算引擎，可基于不同业务场景选择合适的安全技术；支持多种机器学习算法以及各种数据预处理算子；支持大规模集群化。

2. 工作方式

（1）基于 TEE 的共享学习

如图 8-2 所示，机构用户使用特定的安全加密工具对数据进行加密，之后把加密数据上传到云端存储。需要进行训练时，用户通过 Data Lab 训练平台构建训练任务，平

⊖ 《从技术到落地，详解蚂蚁集团共享智能实践》：https://tech. antfin. com/community/articles/810。

台将任务下发到训练引擎，引擎从云端取加密数据完成指定的训练任务。

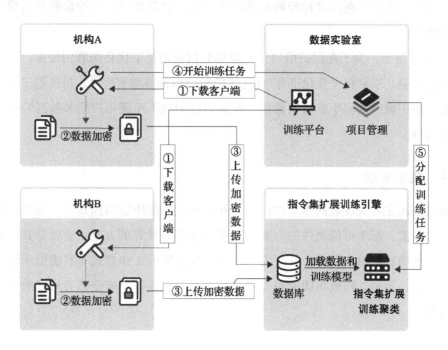

图 8-2　基于 TEE 的共享学习流程

（2）基于 MPC 的共享学习

如图 8-3 所示，机构用户需要提前在本地下载并部署训练服务，从而成为一个训练服务端。需要进行训练时，用户通过 Data Lab 训练平台构建训练任务，平台将任务下发给引擎，引擎将任务下发给机构端的训练服务端，由它加载本地数据，并通过多方安全协议交互完成训练任务。

3. 核心问题及解决思路

蚂蚁集团并不局限于联邦学习的形式，而直接关注联邦学习解决的场景问题，即如何在联合多家机构的数据和计算资源进行协同训练的同时保证数据隐私。该问题在蚂蚁集团所处的金融领域场景中尤为突出，因为金融行业对于隐私保护需求级别较高。对于该问题，蚂蚁集团给出了两种解决思路：第一种仍是类似于现在集中数据在数据

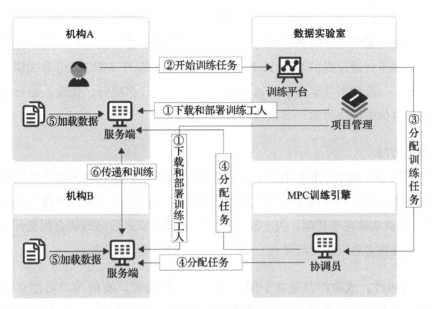

图 8-3　基于 MPC 的共享学习流程

中心进行训练的方式，只不过使用可信硬件对数据进行保护；第二种类似于联邦学习的形式，并添加了加密方式保护上传的训练模型信息。

解决思路如下。

1) 针对集中收集数据进行训练的场景，蚂蚁集团基于 Intel SGX 并兼容多种 TEE 硬件，设计飞地（Enclave）机制来保护数据隐私的安全。训练中心在内存中为每一个机构用户开辟一块加密空间飞地，防止来自虚拟机、操作系统和恶意程序的攻击。同时，利用注册审批系统 RA 机制进行软件远程认证，确保在飞地中执行的程序是经过用户认证和授权的。

2) 针对数据分散在机构用户本地、分布式联合进行训练的场景，计算在机构用户域内进行，因此不会泄露原始数据信息，同时使用 MPC 技术保护用户通信分享的训练信息。其中，主要使用的 MPC 技术有秘密分享和同态加密。秘密分享将原始数据随机拆分成密态数据，之后多方协同在密态下计算，获得结果；同态加密则允许人们对密文进行特定形式的代数运算，得到的仍然是加密结果，但将其解密所得到的结果与对明文进行同样的运算结果一样。

4. 产品/服务

为了确保金融场景下的联合训练在多方隐私保护的基础上进行，蚂蚁集团的隐私保护共享智能平台通过提供基于 TEE 的中心式训练和基于 MPC 的分布式训练这两种框架，形成了一套数据共享场景的通用解决方案，并且在银行、保险、商户等场景业务中给出了具体的解决方案。

5. 应用方向

1）普惠金融：与农信银行合作，在将传统的线下放贷模式转为线上的同时，聚合双方金融服务信息，构建风险识别模型，帮助解决普惠金融的风控难题。具体使用的是基于 TEE 模式的共享智能，线上放贷服务加上聚合双方数据的联合模型的智能风控帮助，使得普惠金融服务时间降到 5 分钟，同时违约率大幅下降。

2）联合风控：风险控制是基于用户以往交易行为的，有的用户可能在多家金融机构表现出不同的交易行为，从而增加风控难度。蚂蚁集团牵头成立了商业生态安全联盟（BESA），利用共享智能的两种框架，使得机构间共享风控模型量化策略和实时计算能力，进行共建模型、共建枢纽、共同决策，提高风险管控的效率。同时，基于 TEE 从源头上保障数据出库的私密性，保障金融机构的敏感交易数据的隐私。

3）联合信贷决策：与银行合作，聚合双方数据信息，共建信贷决策模型，具体使用的是基于 MPC 的共享智能框架。通过聚合数据构建的模型可以支持更好的信贷决策结果，显著提升 KS 指标。

8.1.5　知识联邦

同盾科技认可联邦学习多方联合协同训练的工作方式，不过，它所提出的知识联邦拓展了联邦学习协同训练的范围。联邦学习强调多方协同，共同完成模型的训练，知识联邦则强调根据多方协同的知识的不同，划分为不同的联邦，例如协同进行信息的共享、模型的训练、知识的发现与推理，而不同的联邦应该具有不同的工作方式。

1. 概念

知识联邦是同盾科技提出的四层框架体系 [⊖]，其目标为实现数据可用不可见。其中，"知识"不仅强调机器学习或深度学习的种种模型，也包括经验知识、先验知识等不需要再训练学习的知识；而"联邦"则强调该框架会通过数据安全交换协议，结合利用多个参与方的数据和知识，进行知识的共创、共享和推理。

根据联邦发生的不同阶段，知识联邦框架分成信息层联邦、模型层联邦、认知层联邦和知识层联邦 4 个层次。信息层联邦汇总多方低级统计信息和数据计算信息，满足简单查询和搜索的要求；模型层联邦支持联合模型训练、学习和推理；认知层联邦强调联合多方和上下文进行特征的抽象表示；知识层联邦则强调融合知识的发现、表示和推理。

2. 工作方式

（1）信息层联邦

如图 8-4 所示，主动查询方会首先向第三方服务器提出需求，并由服务器发起请求。每个参与单位接收后，根据本地的数据要素计算出需求信息（如查询到的用户授信或风险），把结果通过密文的方式传送给第三方，由第三方进行密文汇总，并返还给主动查询方。

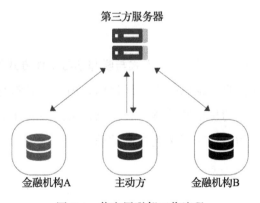

第三方服务器

金融机构A　　主动方　　金融机构B

图 8-4　信息层联邦工作流程

⊖　《解构知识联邦，开创数据"可用不可见"新局面》：https://www.sohu.com/a/397570566 _ 114877。

（2）模型层联邦

如图 8-5 所示，A、B 联合进行模型训练，双方都不希望暴露用于训练的隐私数据，且 B 缺乏标签无法进行单独建模。因此，在收到模型参数并进行本地训练之后，没有标签的一方 B 将中间结果传送给有标签的一方 A，让它进行筛选，从而挑选有用的信息供聚合使用。其中 A、B 之间的通信采用不经意传输的方式。

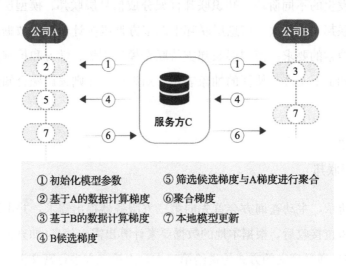

图 8-5　模型层联邦工作流程

（3）认知层联邦

如图 8-6 所示，认知层联邦的工作方式与联邦学习工作方式类似，可信第三方负责收集不同参与方的加密信息，加以聚合之后返回，用于指导参与方的自行更新。不同的是，联邦学习上传共享的是模型整体参数信息，认知层联邦上传共享的是模型的高级认知信息，比如模型的最后一层全连接层的信息或者模型的高级特征表达——嵌入（embedding）。

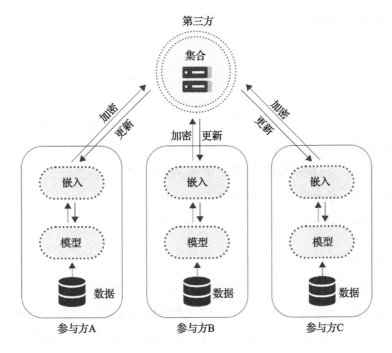

图 8-6 认知层联邦工作方式 ⊖

（4）知识层联邦

知识层联邦是综合各参与方手中的知识信息，联合构建知识网络并进行推理的过程。这种知识网络与知识图谱密切相关，是一种联合多个组织之间特定上下文、任务或领域中相关知识的网络，而参与的每一个组织都拥有部分子图或者独立的知识库用于共享。

3. 核心问题及解决思路

同盾科技关注的核心也是联邦学习所解决的数据孤岛问题。近年来，有许多研究针对数据孤岛问题提供了不同的技术路线与方法，比如安全多方计算、联邦学习等，其面临的核心问题是，不仅要将数据汇聚起来，还要关注过程中的数据隐私和安全。同盾科技认为这些不同的技术路线与方法已经逐渐呈现出融合的趋势，因此它希望给

⊖ Li，H.，et al.，Knowledge Federation：A Unified and Hierarchical Privacy-Preserving AI Framework. arXiv：2002. 01647，2020.

出一个统一框架，来涵盖联合进行隐私数据计算的安全多方计算以及联合建模的联邦学习。

为此，同盾科技提出了知识联邦四层框架的解决思路：

☐ 信息级别，联合进行低级统计信息和数据计算，满足简单查询、搜索和简化运算符的要求；

☐ 模型级别，支持联合进行训练、学习和推理；

☐ 认知级别，联合多方模型的抽象特征表示；

☐ 知识水平，融合多方知识的发现、表示和推理。

4. 产品/服务

同盾科技基于其提出的知识联邦四层框架，推出了智邦平台 iBond。它针对不同的场景需求（如信息层的联合计算或模型层的联合建模），提供一站式的产品闭环。比如，针对模型层联邦，提供的产品将包含特征选择、特征预处理、数据预处理、算法管理、模型发布等全系列的产品。另外，这一平台的底层包括 FLEX 协议和数据沙箱，其中，FLEX 用于进行联邦式的特征选择并保障样本的安全对齐，数据沙箱则将多源异构数据进行标准化，将多个参与方之间的数据进行虚拟的融合。

5. 应用方向

1) 多头共债累积风险：针对场景要求，选择使用信息层联邦，统计和汇总各方的用户举债数据，帮助判断用户在其他机构是否有借贷，以及用户风险是否被消除。信息层联邦可以通过安全的统计计算方式，在保证各家举债数据隐私不泄露的前提下，汇总计算出该用户的累计借贷风险。

2) 智能金融风控：针对场景要求，选择使用模型层联邦，希望联合消金公司和运营商的数据构建智能金融风控模型，用于合作分析用户是否存在贷款欺诈行为。模型层联邦可以在收敛速度和准确率上接近传统联合建模。

3) 用户行为联合建模：收集来自不同用户的小样本用户行为信息，在保护用户隐私的前提下使用模型层联邦，联合构建基于小样本的元学习模型，通过学习用户输入密码时的习惯，判断是否为用户本人输入密码，帮助实现无感认证。

4）小微企业信贷智能信审：联合使用信息层、模型层、知识层联邦，通过汇集利用智能调查获得的信息和来自工商、司法、企业内部的信贷信息，做出进一步的联邦推理，帮助进行信审。

8.1.6 异构联邦

京东科技（原京东数科等）所提出的联邦学习框架大体上遵循 Google 的联邦学习的概念与工作方式，并基于 Google 的联邦学习框架进行了隐私保护、性能效率方面的改进。改进之后的框架支持异步计算，故得名"异构联邦"。

1. 概念

异构联邦是一种快速安全的联邦学习框架。参与方不直接交换本地数据和模型参数，而是交换更新参数所需的中间数值，并增加扰动以对该数值进行保护，从而确保数据和模型的隐私得到保护。同时，异构联邦采用了基于树结构的高效通信框架并支持异步计算，模型效率得到显著提升。

2. 工作方式

多方参与用户使用本地数据进行模型训练，提交参数与特征的内积及相关扰动项，从而私密地传递模型参数，可信第三方作为协调方，使用树状通信结构聚合各方信息并反馈减去扰动噪声的决策值。得到反馈之后，活跃用户将利用决策值和自己的特征计算梯度并更新，而不活跃用户将接收活跃用户计算的中间值再进行简单计算并更新梯度。

3. 核心问题及解决思路

京东科技主要基于 Google 的联邦学习框架进行改进，在保护隐私信息的同时聚焦于提升效率。在传统纵向联邦学习中，由于传递的梯度信息容易导致基于梯度信息的构造攻击，因而大多数方案采用同态加密等手段对梯度进行加密保护，但是这样的加密操作较为复杂且低效，有损于整体算法效率。因此，京东科技希望从底层结构上对参与聚合的方式做出修改，设计一个不依赖于同态加密等复杂加密方式的联邦学习框架，既保证模型参数信息得到保护，又避免对效率造成过大影响。解决思路如下。

异构联邦框架通过两个显著不同的树结构，分别聚合样本数据与模型参数的中间结果（表现为内积形式）以及随机噪声与单独的噪声，而负责聚合的协调方负责计算这两个聚合值之差，得到决策值，由于此处并不直接得到模型参数，因此模型信息能被保护。同时，因为协调方在此只知道内积，不知道具体模型参数，所以它也无法推断各参与方的信息。

4. 产品/服务

京东科技基于其提出的异构联邦框架，推出名为"联邦模盒"的保护隐私的多方联合建模工具。联邦模盒针对跨机构间数据合作的场景，为具体案例落地提供调用。由于联邦模盒使用的异步联邦框架实现了隐私保护前提下的性能优化，因此相较于使用同态加密等 MPC 方式进行隐私保护的联邦学习方案，它具有一定的性能优势。同时，联邦模盒提供建模的可视化功能，这一设计有助于降低用户的上手难度。

5. 应用方向

在精准营销、信贷风控和人脸识别等场景中均有涉及联邦学习的应用布局。

8.1.7 联邦学习方案对比

前面 6 节具体介绍了业界提出的联邦学习或类联邦学习方案和框架的思路，这一节将从广义上对它们进行对比。

联邦学习（Google）、共享智能、异构联邦的概念特指一种由多个参与方共享、协作完成模型训练的方法，其核心目标是保障训练过程中用户隐私（如私有数据）不被泄露。其中，联邦学习（Google）针对的场景中，协作的参与方大多是终端用户，而共享智能与异构联邦针对的场景中，协作的参与方大多是拥有大量数据的企业或机构。

相较而言，联邦智能和知识联邦的概念范围更大，其中联邦智能包含多个技术系统，涉及联邦数据部落、联邦激励机制和联邦推理等多个模块的完整生态，而知识联邦则将联邦按形式划分为信息、模型、认知、知识四层框架。

8.2　联邦学习系统框架

本节将简要介绍目前主流的联邦学习系统框架，其中，工业级开源框架和企业级解决方案主要针对企业的应用研发，针对工业现状，具有统一的标准，旨在帮助开发团队降低开发和维护成本；而实验开发级联邦学习系统主要由科研人员在进行实验探索时使用。

8.2.1　工业级联邦学习系统

这一节简单介绍 3 种面向工业开发的联邦学习开源框架：微众银行的 FATE、百度的 PaddleFL 和英伟达的 Clara 联邦学习（Clara Federated Learning）。其中，后两者都基于其原有的深度学习平台。

1. FATE

FATE（Federated AI Technology Enabler）是由微众银行 AI 部门发起的一个开源项目，旨在提供一个安全的计算框架来支持联邦学习生态系统。它实现了安全多方计算协议，可实现符合数据保护法规的大数据协作。FATE 提供模块化的可扩展模型管道、清晰的可视界面和灵活的调度系统，可以实现即插即用。

FATE 主要包含六大模块。

❑ Federated ML：包含许多常见机器学习算法的实现以及必要的工具。
❑ FATE-Serving：针对联邦学习模型的高性能工业化服务系统，专为生产环境而设计。
❑ FATE-Flow：用于联邦学习的端到端管道平台。
❑ FATE-Board：用于联邦学习建模的可视化工具套件。
❑ Federated Network：提供多方通信的网络。
❑ KubeteFATE：使用云原生技术（如容器）管理联合学习工作负载。

2. PaddleFL

PaddleFL(Paddle Federated Learning)是百度公司研发的一个开源联邦学习框架，它支持多种联邦学习策略，可以应用于计算机视觉、自然语言处理、推荐算法等领域。此外，PaddleFL 依靠开源框架 PaddlePaddle 的大规模分布式训练和 Kubernetes 提供的对训练任务的弹性调度能力，可以基于全栈开源软件进行部署，较为方便。图 8-7 展示了 PaddleFL 的架构。

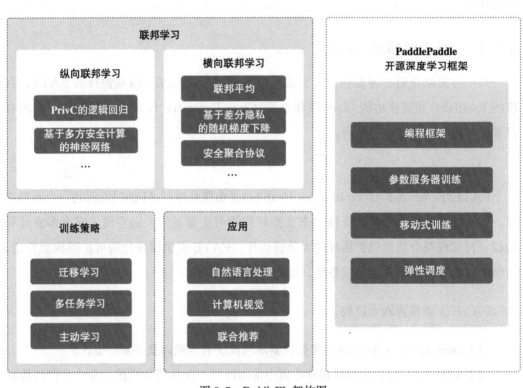

图 8-7　PaddleFL 架构图

3. Clara 联邦学习

Clara 联邦学习建立在 NVIDIA 原有的医疗保健影像人工智能平台 NVIDIA Clara 之上，旨在针对医疗保健行业，帮助医疗机构在不损害隐私的前提之下训练算法，以支持医疗影像分类、AI 智能推理等应用。

8.2.2　企业级联邦学习系统

本节简要介绍企业推出的联邦学习商业解决方案。

1. 智邦 iBond 平台

同盾科技推出智邦 iBond 平台，应用分布式学习、加密计算、元学习等多种技术，提出"知识联邦"的概念，旨在使多方联邦在完全满足用户隐私、数据安全和合法合规的要求下，进行数据分析和建模，协同创造和共享知识。该平台支持在原始数据的密文空间中联邦、在模型训练中联邦、在特征学习结果上联邦，还支持多任务、多方异构知识联邦。

该方案的优势在于，会根据具体应用对数据进行隐私评级，并基于隐私等级制定安全方案，使用 Hash 脱敏、同态加密、秘密分享等安全技术，保障数据在传输、建模和部署各环节的安全；同时，它提供由人工智能专家持续维护的模型市集，其中集成的算法模型可以供用户自由选择。

2. 联邦模盒

京东科技推出的联邦模盒使用分布式机器学习（联邦学习）、数据加密计算和交互等技术，实现了各机构间在隐私数据不出库前提下的联合建模，为风控、营销领域业务实践提供精准数据驱动能力。

该方案的优势在于，对内含加密、机器学习算法进行了优化，效率较高，针对实时生产进行了专项优化，支持可视化建模，且具有成熟的商业合作机制。

8.2.3　实验开发级联邦学习系统

在实验开发层面的主流框架分为 TensorFlow 和 PyTorch 两种，而实验开发级联邦学习框架也分为基于 TensorFlow 的和基于 PyTorch 的，常用的有以下三种。

（1）TensorFlow Federated

TensorFlow Federated(TFF)是由 Google 开发的一个开源框架，可用于对分散式数据进行机器学习以及其他计算，既能完成联邦学习的应用，也可用于促进联邦学习的开放式研究和实验。

在 TFF 中实施的 FL 研究仿真代码通常包含 3 种主要逻辑。

1）单个 TensorFlow 代码片段，通常是 tf. function，它们是在单个位置（如客户端或服务器）上封装运行的逻辑。此代码通常是在没有任何 tff. * 参考的情况下编写和测试的，可以在 TFF 之外重新使用。

2）TensorFlow 联邦编排逻辑，它会结合单个 tf. function，使用 tff. tf_computation 封装，之后使用 tff. federated_broadcast 和 tff. federated_mean 进行编排。

3）一个外部驱动程序脚本，用于模拟 FL 系统的控制逻辑，从数据集中选择模拟客户端，然后在这些客户端上发起联合计算。

（2）PySyft

PySyft 是一个面向隐私保护的通用型框架，它允许多个拥有数据集的计算节点进行联合训练。同时，它支持在训练过程中嵌入安全多方计算、同态加密和差分隐私等技术，避免训练过程中的模型受到攻击。图 8-8 展现了 PySyft 的框架设计。

（3）CrypTen

CrypTen 是由 Facebook 开发、基于 PyTorch 的机器学习框架，它让用户能够使用安全计算技术轻松研究和开发机器学习模型。CrypTen 允许用户使用 PyTorch API 开发模型并进行训练，同时结合安全计算技术对数据进行加密，而无须透露敏感信息。

CrypTen 提供了张量库，并通过与 PyTorch 类似的对象来呈现张量，这允许用户使用类似于 PyTorch 中自动区分和神经网络模块的功能。CrypTen 目前将安全多方计算作为该框架的安全计算后端。

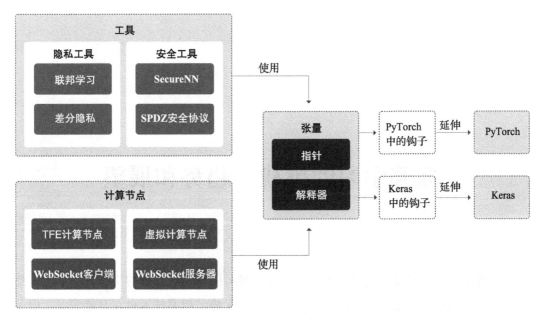

图 8-8　PySyft 框架图

8.3　本章小结

　　本章总结和比较了联邦学习的各种形态，并简要总结了现有的联邦学习框架。虽然各家公司对联邦学习的定义各有不同，有的主要面向的训练参与方是资源受限的移动终端用户，有的主要面向的训练参与方是多家拥有用户数据的企业或机构，有的聚焦于保障隐私的多方联合进行训练的范式，有的则提出涵盖知识推理、数据群落、激励等方面的大框架或生态，但是大家所面对的问题基本是一致的，即如何最大程度在联合训练的过程中保护各方隐私，如何尽可能提升联合训练的效率并规避联合训练相比传统集中式训练的不足。各方基本都推出了开源框架、工业框架或平台产品。

第 **9** 章

联邦学习的挑战、趋势和展望

联邦学习是一种分布式的机器学习解决方案，用于确保数据的隐私和安全。虽然相较于传统的机器学习范式，联邦学习拥有诸多优势，相关技术也在日趋完善，但是联邦学习仍然是一个正处于成长期的解决方案。在联邦学习场景设置之下，设备经常以异构的分布式方式跨网络生成、收集与利用数据，这意味着联邦学习系统还面临着诸多挑战，拥有很大的提升空间。本章将从技术的角度概述目前联邦学习系统面对的挑战，并探讨未来该领域的发展趋势。

9.1 联邦学习应对的挑战

联邦学习应对的挑战可以分为以下 4 类。

1. 迁移使用已有机器学习模型的挑战

（1）数据异构性

众多深度学习模型的迭代优化广泛使用随机梯度下降算法（SGD），获得了良好的优化性能。为了保障 SGD 算法中随机梯度是全梯度的无偏估计，确保训练数据满足独立同分布（IID）非常重要。然而在实践中，假设每个节点上的本地数据总是满足 IID 是不现实的，而在非独立同分布数据（Non-IID）训练中，各个节点的样本分布不同，可能导致各个节点的优化方向和函数不同，反而对全局模型产生负面影响。因此，研究如何提升 Non-IID 数据的学习效率对于联邦学习具有重要意义。

除了数据的非独立同分布问题以外,传统机器学习中的数据不平衡、未标记等问题仍然存在。例如在分类问题中,每一个节点的本地数据都有可能出现正负样本比例不平衡的情况。

(2)模型聚合

典型的联邦学习范式包括两个阶段:第一,参与方独立地在其数据集上训练模型;第二,参与方上传其本地训练的模型并由服务器进行聚合。一种典型的聚合方法是FedAvg,它将局部模型的参数进行加权平均,权重设置与客户数据集大小成比例。但是,局部模型权重的简单平均可能会对性能产生严重的不利影响,从而需要更多的通信轮次。因此,设计合理高效的模型聚合算法有助于联邦学习的整体性能提升。

2. 由联邦学习的分布式系统设置带来的挑战

(1)代价问题

联邦学习协议要求随机参与者从服务器下载可训练的模型,使用自己的数据对其进行更新,然后将更新的模型上传到服务器,这样的通信过程将会反复进行多轮。这样的框架需要大量通信带宽支持,并限制了多节点训练的可伸缩性。当参与方是资源受限的移动设备时,情况会变得更糟,处于较差的无线信道条件下的参与方还可能会面临更高的延迟、更低的吞吐量和间歇性的断线。因此,减少通信为模型训练带来的额外负担将提升联邦学习的整体效率。

(2)资源最优分配问题

联邦学习的参与方可能会受到计算内存、CPU 和无线带宽的限制。因此,为了实现能源消耗、模型训练时间和通信成本的整体最小化,服务器需要确定适当数量的参与方及其用于训练的适当数据和能源。在环境的动态性和参与方的不确定性下,服务器在参与方资源管理中确定最优决策是个挑战。

3. 安全和隐私问题

（1）安全攻击

联邦学习中存在多种对抗性攻击，攻击方不仅会针对模型的性能进行攻击，而且可能推断参与训练的用户的隐私数据。对抗性攻击的例子有很多，比如针对训练进行攻击的后门攻击，攻击者只需要控制联邦学习的几个参与者即可实现攻击，如只将绿色的车识别为鸟，而让其他颜色的车预测结果正常。由于联邦学习的设置规定服务器无权检查各参与方的数据或模型更新进度，因此，相较于传统的数据中心模式的训练，联邦学习中的攻击更加难以检测和防御。

另外，与传统的数据中心模式的训练相比，联邦学习更容易受到参与者非恶意故障的影响。系统因素和数据约束会导致参与者出现非恶意故障，它们比恶意攻击的破坏性小，但出现的频率更高。

（2）隐私保护

出于隐私方面的考虑，联邦学习通常要求参与方将原始数据保存在本地，只共享一些必要的模型更新信息以完成模型训练。然而，已有研究证明，模型更新信息也有可能泄露敏感的用户信息。例如，人们可以从训练用户语言数据的递归神经网络模型中提取特定的敏感文本模式，比如一个特定的信用卡号码。因此，随着人们隐私保护需求的增强，联邦学习中交换的信息需要使用更加严格的隐私保护措施，但人们并不希望这样的措施对模型训练的性能产生很大的影响。

4. 动机与激励

现有的联邦学习基于一个乐观的假设，即所有参与方都会无条件地贡献其资源来参与训练，但是由于模型训练有参与方贡献数据、产生资源消耗等成本，因此该假设是不切实际的。没有精心设计的经济补偿或其他收益，参与方将不愿参加模型训练。因此，设计一种有效的激励机制来激励参与方加入联邦学习是重要的。此外，不可靠的参与方可能有意或无意地做出不良行为，影响全局模型训练。比如，参与者可能发动模型中毒攻击，发送恶意更新以影响全局模型参数。因此，防止不可靠参与方的加入对于联邦学习也非常重要。

9.2 联邦学习的趋势和展望

上一节主要讨论了联邦学习技术上面临的挑战,目前已有很多从业者致力于对技术作出改进以强化联邦学习系统。如果跳出联邦学习系统内的具体技术和算法,以一个更高的视角来看待它的发展趋势,那么我们会发现,联邦学习作为一种使得分散的企业、机构或个人在保障私有数据隐私的前提下进行联合模型训练的系统,其下一步的发展与探索重点无疑会是设计更完整的落地方案,探索更多的应用场景。

1. 落地方案的设计

更多更完整的落地方案无疑是联邦学习系统成功的关键。联邦学习中模型训练的数据共享只是数据生命周期——数据创建、存储、使用、共享和存档中的一个阶段,一个完整的落地联邦学习方案应该保证整个应用程序全生命周期的数据安全性和私密性。例如,合理的数据创建与清洗过程设计可以帮助准备适用于联邦学习的数据和功能。因此,一套完整的、注重隐私保护的联邦学习落地方案需要精心设计。不过,从目前企业的整体落地情况来看,联邦学习还处于早期阶段,存在许多技术上的分歧,缺乏一套完善且业界都认可的标准。

2. 应用场景的探索

目前,联邦学习在金融领域各种场景中的应用被讨论得最多,有很多相关企业率先着手落地应用方案,究其原因还是金融领域的特殊性。金融数据天然具有隐私性和孤立性,受制于法律法规和数据隐私保护要求,成为“数据孤岛”问题的“重灾区”,各个金融机构只拥有用户的部分信息,根本无法整合孤立数据进行联合训练。具体哪些场景的问题可以用到联邦学习的解决方案,前文已经做过详细讨论。

此外,在一些新兴领域,如边缘计算、数字孪生,目前也有从业者在探索其中的隐私保护问题以及联邦学习可能发挥价值的方向。

（1）网络攻击检测

网络攻击的日益复杂化与物联网设备广泛存在的特性都增加了在物联网中进行网络攻击检测的难度，因此需要对传统的攻击检测方式进行改进。近来，已有基于深度学习的攻击检测方案获得成功，如果将其与联邦学习相结合，那么可以进一步保障在保证物联网设备用户隐私的同时协作学习网络攻击检测模型。

（2）边缘服务器缓存和计算卸载

在边缘计算中，一方面，常用的文件或服务应该被放置在边缘服务器上，这样用户在访问这些文件或服务时不必与远程云进行通信；另一方面，由于边缘服务器的计算和存储资源有限，一些计算量大的任务必须卸载到远程云服务器进行计算。因此，合理化的缓存和计算卸载方案一直是边缘计算中的讨论热点。通过联邦学习，边缘服务器与云服务器在保护访问信息隐私的前提下，共同学习和优化最佳卸载方案成为可能。

（3）基站关联

在密集网络的部署中，优化基站关联以减少用户面临的干扰非常重要，不过，传统机器学习方法需要利用大量用户数据，并通常会假定此类数据是集中可用的。如果考虑用户隐私的约束，可以将联邦学习方法作为替代方案。

（4）数字孪生

数字孪生技术依托多源的海量可信数据和准确的虚拟生成模型，可以为用户提供实时动态的虚实交互服务，例如仿真模拟、可视监控等。其中，大量与业务相关的孪生数据源，包括硬件检测数据、建模生成数据、虚实融合数据等多种类、多要素的数据，正是数字孪生技术在可解释性和预测过程中的价值本源。可以预见的是，数字孪生应用必将倚赖隐私保护、分布式云计算、机器学习及多方技术的协同，而联邦学习正是破局的关键。

3. 前景展望

展望联邦学习的前景，总体而言，随着人工智能技术的不断发展与落地，联邦学习将因其在数据隐私保护、跨机构合作等方面拥有的独特价值而发挥越来越重要的作用。联邦学习的生态已扩展到许多行业，从金融到安全，从 IoT 到万物互联，到"智慧城市""车联网""智慧交通"等，都是可以落地的未来场景。

联邦学习的关键在于合作，因此联邦学习的能力边界会随着联邦生态的成员数量增长而不断拓展。随着越来越多的开发者积极参与各种各样联邦学习框架的建设，相关行业标准的不断完善，应用生态的不断壮大，打破数据孤岛，助力更多组织机构走出信息孤岛，安全联合共建联邦将逐渐成为现实，为更多智能应用领域搭建落地的桥梁，实现更大的社会效益。

9.3　本章小结

本章先讨论了目前联邦学习在技术上面临的挑战，然后展望了联邦学习技术的发展趋势。虽然联邦学习仍处于成长阶段，但是在人工智能发展的道路上，联邦学习致力于解决与用户核心利益息息相关的数据安全、信息隐私等风险问题，其发展前景广阔，生态规模也必将进一步扩大。

推荐阅读